Sammlung Göschen

Paläoklimatologie

Von

Dr. Wilh. R. Eckardt

Leiter des Meteorologischen Observatoriums und der öffentlichen Wetterdienststelle in Essen

Zweite, neubearbeitete Auflage

Berlin und Leipzig

Walter de Gruyter & Co.

vormals G. J. Göschen'sche Verlagshandlung — J. Guttentag, Verlagsbuchhandlung — Georg Reimer — Karl J. Trübner — Veit & Comp.

1923

Druck von Walter de Gruyter & Co., Berlin W. 10

Inhalt.

Literatur[1].

Wer sich selbst wissenschaftlich mit dem Problem beschäftigen will, dem werden die zahlreichen Fußnoten willkommene Fingerzeige bezüglich der weiteren wichtigen Literatur geben. Es seien jedoch außer den bereits genannten Werken als wissenschaftliche Grundlagen ein für allemal hier ganz besonders noch hervorgehoben:

J. Hann, Handbuch der Klimatologie, I. Bd. 3. Aufl. Stuttgart 1908.
Lethaea geognostica, Handbuch der Erdgeschichte. Herausgegeben von Fr. Frech. Stuttgart 1897 ff.
O. Heer, Flora fossilis arctica Bd. 1–8.
Em. Kayser, Lehrbuch der allgemeinen Geologie, 2 Bde., besonders Band I. Stuttgart.
Joh. Walther, Geschichte der Erde und des Lebens. Leipzig 1908.
—, Allgemeine Paläontologie. Geologische Fragen in biologischer Betrachtung. Berlin 1919/1923.
—, Das Gesetz der Wüstenbildung. 2. Aufl. Leipzig. 1912.
Edg. Dacqué, Grundlagen und Methoden der Paläogeographie. Jena 1915.
A. Wegener, Die Entstehung der Kontinente und Ozeane. 2. und 3. Aufl. Braunschweig 1920 und 1922.
W. R. Eckardt, Das Klimaproblem der geologischen Vergangenheit und historischen Gegenwart. Braunschweig 1909.
—, Die Paläoklimatologie, ihre Methoden und ihre Anwendung auf die Paläobiologie. Abderhaldens Handb. d. biol. Arbeitsmethoden X, S. 313/394. Berlin 1921.

[1]) S. vor allem auch die Anmerkung auf S. 119.

Einführung.

Die Aufgabe der Klimatologie und Paläoklimatologie.

Unter Klima verstehen wir die Gesamtheit der meteorologischen Erscheinungen, die den mittleren Zustand der Atmosphäre an irgendeiner Stelle der Erdoberfläche kennzeichnen. Der Meteorologie hingegen fällt die Aufgabe zu, den Zusammenhang der Erscheinungen der Atmosphäre aufzudecken, d. h. die in der Lufthülle unseres Planeten erfolgenden Veränderungen zu erklären. Die Meteorologie ist, kurz gesagt, die Physik der Atmosphäre. Aber auch die Klimatologie ist ein Zweig der Meteorologie im weiteren Sinne, der zwar ebenso, wie diese überhaupt, sich auf der Experimentalphysik und der Geographie aufbaut, in dem jedoch das geographische Moment das physikalische überwiegt. Eine wissenschaftliche Klimatologie muß vor allem danach streben, alle klimatischen Elemente oder Faktoren durch Zahlenwerte zum Ausdruck bringen zu können, da nur durch wirkliche Messung unmittelbar vergleichbare Ausdrücke und bestimmte Vorstellungen der meteorologischen Verhältnisse und Zustände gewonnen werden können. In der Klimatologie treten aber vor allem jene meteorologischen Erscheinungen in den Vordergrund, die auf das organische Leben der Erde den größten Einfluß nehmen. Die Wichtigkeit der einzelnen klimatischen Elemente wird also von einem außerhalb derselben liegenden Gebiet aus bestimmt, und die Klimatologie erweist sich dadurch auch als eine teilweise im Dienste anderer Wissenschaften und der Praxis stehende

Disziplin. So hätten wir denn die Klimatologie schlechthin als die Lehre von dem mittleren Zustand der Atmosphäre und dessen regelmäßigen und extremen Schwankungen zu trennen von der auf die Biologie und allgemeine Geographie angewandten Klimatologie. Denn gleich wie heute die tropische Flora von der gemäßigten und diese sich wieder von der polaren unterscheidet, und das Vorkommen und Fortkommen gewisser Pflanzen innerhalb dieser Zonen gewissermaßen wie ein selbstregistrierendes Thermometer die charakteristischen Temperaturen einer bestimmten Gegend annähernd anzuzeigen vermag, so können wir auch auf Grund der paläophytologischen Funde, wenn auch nicht immer ohne weiteres auf so einfache Weise, Schlüsse ziehen auf die wichtigsten Eigentümlichkeiten der geologischen Klimate. Wir müssen daher das Wort „Klima" noch in weiterem Sinne fassen und ihm dahin Ausdruck verleihen, daß wir unter Klima alle Veränderungen der Atmosphäre zu verstehen haben, welche die Organismen merklich affizieren, in erster Linie natürlich die Pflanzen, für deren Entwicklung und Gedeihen unter den geographischen Faktoren das Klima unstreitig der wichtigste ist. Ohne Luft kein Leben. Wo aber Veränderungen des Luftkreises stattfinden, da folgen auch Veränderungen des Lebens. Auf diesen Standpunkt stellt sich auch die Paläoklimatologie, die Lehre von dem Klima der geologischen Vergangenheit. Die Aufgabe dieses Wissenszweiges ist es, lediglich an der Hand des paläontologischen Beweismaterials neben dem rein geologischen Schlüsse auf das Klima der vergangenen Erdepochen zu ziehen.

Das Beweismaterial für die Eigentümlichkeiten der geologischen Klimate.

Die beiden wichtigsten Symptome für die Umgrenzung bestimmter Klimagebiete erblicken wir in den Verwitterungserscheinungen, den Farben der Verwitterungsprodukte sowie in den typischen organischen Einschlüssen, den Leitfossilien, der verschiedenen geologischen Epochen.

Das geologische Beweismaterial. Die Bodenbildung unter dem Einfluß des Klimas.

Wenn es sich um das Problem der Bodenbildung handelt, so unterscheiden wir die mechanische Zerstörung des festen Gesteins und die chemische Zersetzung desselben. Ganz allgemein kann man sagen, daß in den kühleren Zonen die mechanische Zerstörung der chemischen Zersetzung des festen Gesteins vorauseilt, während in den Tropen das Umgekehrte der Fall ist. Vor allem sind auch die Niederschlagsmengen und ihre Verteilung von Einfluß; denn Feuchtigkeit ist für die Zersetzungsprozesse unbedingt erforderlich, und der Verlauf der Verwitterung sowie die hieraus resultierende Bodenbildung ist demnach verschieden in den niederschlagsarmen (ariden) tropischen und subtropischen Ländern. Besonders energisch ist der Verlauf der Verwitterung in den niederschlagsreichen Tropen und Subtropen, wo man die durch Eisenoxyd rot oder durch Eisenhydroxyd gelb gefärbten Verwitterungsprodukte als Rot- oder Gelberde bezeichnet. Diese Erden bilden sich aus den verschiedensten Gesteinen, nicht nur aus Eruptivgesteinen, sondern auch aus Flözgebirgen (klastischen und aklastischen Sedimenten) und aus jüngeren Ablagerungen. Laterit ist eine etwas unklare Bezeichnung, die man allgemein für unfruchtbare, nährstoffarme Rot- und Gelberde anwendet; er ist keine bestimmte Bodenformation, sondern eine den Tropen und Subtropen eigentümliche Verwitterungsform, die als sandig-lehmiger Verwitterungsrückstand in vieler Hinsicht dem Lehm gleicht und sich besonders aus Granit, Gneis, rotem Sandstein usw. überall dort bildet, wo starker Regenfall, hohe Wärme und reiche Vegetation den

Boden chemisch zersetzen. Starker Eisengehalt bedingt die rote Farbe des zelligen Gewebes, da sich an der Luft rasch verfestigt und den Erdboden oft als harte Tenne erscheinen läßt. Der Laterit scheint besonders die höheren Flächen in erodierten Landschaften einzunehmen und ist im tropischen Afrika, Brasilien und Guayana, Mexiko und Zentralamerika, in Südostasien und den australischen Inseln die herrschende Bodenbedeckung. Er besitzt demnach eine ganz außerordentlich weite Verbreitung, indem er nicht weniger als ein Viertel der gesamten heutigen Festlandoberfläche einnimmt.

Der Laterit ist nach der Ansicht Joh. Walthers ein fossiles Gestein, dessen Entstehung in die Diluvialzeit fällt, und das sich nur unter den Eigentümlichkeiten des pluvialen Klimas habe bilden können. Diese Ansicht ist zweifellos nicht richtig. Von Richthofen und A. Lacroix sehen vielmehr mit Recht die Faktoren, welche die Lateritbildung bedingen, in hoher Wärme, Regenreichtum und üppiger Vegetation, und zwar ist die Lateritbildung in der Hauptsache das Produkt der Einwirkung des tropischen Waldes auf den Boden. Die Oberkrume verarmt an den Basen der Alkalien und Erdalkalien und an den Sesquioxyden, während die Kieselsäure sich anreichert. Die Sesquioxyde finden sich in dem über dem unzersetzten Gestein liegenden Illuvialhorizont, welcher ebenfalls Zersetzung aufweist. Das Überwiegen der roten Farbe der Eisenverbindungen ist auf die relativ hohe Temperatur der Tropen zurückzuführen. Wenn die Umlagerung der Sesquioxyde zu festen ortsteinartigen Bänken führt, verkümmert die Vegetation, sowohl in kleineren, in den Tropen so oft überraschend im Walde auftretenden Kahlstellen, wie in größeren, von Flüssen zerschnittenen Hochflächen. Die Bodenbildung in den Tropen ist jedenfalls durchaus den gleichen Gesetzen unterworfen wie im gemäßigten Klima. Wo übrigens Krusteneisenstein auf flach ausgebreiteten Höhen als Hochflächen-Laterit ohne Waldbedeckung vorkommt, da dürfte diese verschwunden sein[1]). Die günstigsten klimatischen Bedingungen zur Lateritbildung bestehen in einem Wechsel von sehr feuchter und sehr trockener Jahreszeit. Während der Regenzeit findet die Auflösung der löslichen Bestandteile des Bodens statt. Die in den Tropen sonst stark in Erscheinung tretende Bodenzersetzung tritt dagegen nicht ein, wo die Atmosphärilien nackten Fels angreifen, denn solchen findet man überall in den Tropen, selbst wenn es sich um leicht zersetzliche Gesteine, wie Diabase handelt, vollkommen frisch an der Tagesoberfläche.

Schon im Tropenklima selbst, und zwar nach den Passatgrenzen zu, wo die Regenzeit von einer Trockenperiode unterbrochen wird, ruht die chemische Verwitterung während der Dauer der letzteren, und es beginnt die mechanische Zerklüftung des Gesteins. So werden die im Boden enthaltenen chemischen Lösungen eingetrocknet und scheiden sich überall als Konkretionen aus, unter denen man durch Konzentration von Mineralsubstanzen um einen Mittelpunkt herum entstandene, gewöhnlich kugelige oder knollige Massen versteht. Andererseits wird im heißen, trockenen Klima mit spärlichen Niederschlägen und bei spärlicher Vegetation das eindringende Regenwasser infolge der dem Regen folgenden Erhitzung des Gesteins zu kapillarem Aufstieg gezwungen. Es entstehen in den Tropen Eisenrinden, in den Salzsteppen Kalk- und Gipskrusten. Kristalline Gesteine, Sandsteine, Mergel, Kalke, Lehm, Sande überziehen sich mit den harten Krusten, die für die Abtragung von großer Wichtigkeit werden. In Niederungen abflußloser Gebiete, wo das zusammenlaufende Grundwasser nahe der Oberfläche steht, entstehen Salzpfannen mit Salzkrusten. In den eigentlichen Wüsten, wo

---

[1]) Vgl. H. Stremme, Die Entstehung des Laterits, Ztschr. d. Ges. f. Erdkde. z. Berlin 1917 S. 114/125.

ein heißes, aber fast immer trockenes Klima herrscht, wirkt vor allem die Verwitterung am wenigsten rasch. Die chemische Seite der Verwitterung tritt hier fast ganz zurück. Der Wind, die regelmäßigen Passate, und die Sonnenstrahlung sind die ausschlaggebenden Kräfte. So sind nach Passarge[1]) die fürchterlichen fast vegetationslosen Hamadaflächen der zentralen Sahara, die die Tuaregs Tanesruft nennen und die 200 bis 300 km Breite besitzen, Gebiete, in denen der Regen kaum etwas zu bedeuten hat. Langsam, aber stetig zerschleift dort der vom Wind getriebene Sand die Gerölle, die infolge der Temperaturschwankungen zerplatzen. Aber auch die seltenen gewaltigen Regengüsse vermögen teilweise das Antlitz der Wüste bedeutend zu verändern. Daher wird letzteren nach den Forschungen von Passarge und Penck gerade in dieser Beziehung auch für die Wüste eine hohe Bedeutung beigemessen. Vor allem sind in den ebenen Gebieten der Wüsten die Bedingungen ausgedehnter Dünenbildungen gegeben, welche transgredierend über den denudierten Felsboden oder über die ausgetrockneten Absätze toniger und salziger Seen wandern, während der leichtere Staub erst außerhalb der Wüste zur Ruhe kommt, wo ihn die salzigen Flächen der Steppen und zarte Grasbüschel auffangen und festhalten. So ist die Wüste, wo nackter, trockner Lockerboden weite Flächen einnimmt, das eigentliche Reich des Windes. Es kommt noch hinzu, daß über baumlosen Ebenen die untersten Schichten der bewegten Luft eine verhältnismäßig geringe Reibung erleiden und die Windstärke schon unmittelbar am Boden einen hohen Grad erreicht.

Staubniederschläge und Staubtransporte finden zwar gelegentlich auch in allen anderen Gegenden der Erde statt, aber nur auf grasbedeckten Ebenen oder in abflußlosen Becken

---

[1]) Physiolog. Morphologie. Mitt. d. Geogr. Ges. Hamburg Bd. 26, 1912, S. 185.

in der Nähe von Wüstenräumen, deren zerfallende kristallinische Gesteine viel Staub liefern, erreichen sie einen nennenswerten Betrag und wirken oberflächengestaltend. Auf stark geneigtem Boden spült sie der Regen wieder ab, und auf nacktem Boden erfaßt sie wieder der nächste Windstoß und trägt sie weiter.

Ist die Trockenheit so groß, daß die Flüsse das Meer nicht erreichen, so beschränkt sie nicht nur direkt den Pflanzenwuchs, sondern auch indirekt, indem die Salze, die derselben Quelle entstammen wie der Staub selbst und durch Wind und fließendes Wasser überallhin verbreitet werden, den Aufschüttungsboden imprägnieren. So entsteht die Salzsteppe nicht bloß dort, wo sich das Meer erst vor kurzer Zeit zurückgezogen hat, oder wo Salzseen austrocknen, wenn auch im letzteren Falle der Salzgehalt des Bodens in der Regel am größten ist, oft so groß, daß Salzkrusten wie frischgefallener Schnee den Boden weithin bedecken [1]).

Tritt eine Klimaänderung ein, so daß der Niederschlag den Betrag der Verdunstung übersteigt, so bahnen sich die erstarkten Flüsse einen Weg zum Meere oder zu den nächsten ozeanischen Flüssen, graben tiefe Erosionsschluchten in das Becken der Salzsteppe ein, tragen die äolischen Ablagerungen dem Meere zu und befreien den Boden von seinem Salzgehalt. Die Steppengebilde werden auf diese Weise nach F. von Richthofens Theorie in Löß verwandelt [2]).

Infolge des fehlenden Schutzes der Wolken erzeugt in der Wüste die Erhitzung am Tage und die durch Ausstrahlung bedingte Abkühlung in der Nacht Temperaturunterschiede

---

[1]) Einen vortrefflichen Überblick über die Beziehungen des Klimas zur Bodenbildung, der vielfach auch allgemeine Gültigkeit besitzt, hat S. Passarge in seiner speziellen Abhandlung gegeben: Die klimatischen Verhältnisse Südafrikas seit dem mittleren Mesozoikum, Z. d. Ges. f. E. 1904, Nr. 3.

[2]) Die geologische Bedeutung des Windes erkannt zu haben, ist überhaupt das epochemachende Verdienst F. von Richthofens; sie in ihrem ganzen Umfange klargelegt zu haben, das Verdienst von Joh. Walther.

von ungewöhnlicher Stärke, unter deren Einfluß mit der Zeit ganze Gebirge in gewaltige Trümmerfelder verwandelt werden und riesige Schuttmassen verschieden großer Gesteinsblöcke sich in allen Depressionen anhäufen. So sind große Flächen Zentralasiens mit hochrot gefärbten Schuttmassen bedeckt, karminrote Dünen wandern über Arabien hinweg, gelbe Dünen sind in Transkaspien und in Nordafrika verbreitet. Dagegen halten sich, wie gesagt, in Gebieten höherer Breiten mit mehr oder weniger reichlichen Niederschlägen die chemische und mechanische Seite der Verwitterung die Wage, und im Gegensatz zu den hochroten bis braunroten lateritischen Bildungen der Tropen und Subtropen gelangt hier als Endprodukt verschiedener Verwitterungsvorgänge Lehm zu weiterer Verbreitung, der hauptsächlichste Verwitterungsrückstand aller glimmerreichen kristallinischen Gesteine, ein inniges Gemenge von Ton und Sand, durch Eisenoxyd gelb, grau oder braun gefärbt. Vorwiegend in dieser Form finden wir den Eluvialboden in ganz Sibirien, in China, im Osten der Vereinigten Staaten wie in Kalifornien, dem mittleren und südlichen Europa und Australien verbreitet.

In gleicher Weise müssen also die helleren und hauptsächlich die bräunlichen und gelblichen Sandsteine früherer Perioden auf die nördlichen und südlichen Gebiete der Erde wie ihre roten Verwandten auf die Tropen und Subtropen verweisen, und es lassen sich demnach den Regionen der Lateritbildung die der lehmigen Zersetzung gegenüberstellen

Der zähe, in Mitteleuropa gelbbraune Lehm steht aber allem Anschein nach den helleren Sandsteinen ebenso nahe wie der Laterit den roten, indem er das farbige Bindemittel liefert. Weil nun das gemäßigte und kalte Klima seine Heimat ist, so muß dort auch das Vorbereitungsgebiet zukünftiger großer schmutzig-bräunlicher Sandsteinmassen zu finden sein.

Die Zusammensetzung des roten Sandsteins sowie die

darin enthaltenen organischen Überreste lassen aber noch einen wichtigen, seine Bildungsweise betreffenden Schluß zu, welcher für unsere Untersuchung von besonderem Werte ist. Die Hauptmassen dieses Gesteines erscheinen nämlich entweder in Seen oder in fast abgeschlossenen Meeresteilen entstanden zu sein. Die Abwesenheit der roten Färbung wird deshalb dann am auffälligsten sein, wenn der betreffende Fundort auch heute noch im Tropengürtel liegt, wenn dort die Ablagerung des Sandes in einem mehr oder weniger abgetrennten Becken stattgefunden hat und wenn überdies gleichzeitig gebildeter dunkelroter Sandstein außerhalb der Tropen und selbst an den Grenzen der kalten Zone angetroffen wird.

Aus alledem geht aber he vor, daß die Beweiskraft des in großen Massen angehäuften dunkelroten Sandsteines zugunsten eines warmen Klimas viel größer ist als diejenige des gelb-braun gefärbten Sandsteines für ein kühleres Klima. Denn wenn sich auch die typisch rote Farbe nur unter dem Einfluß der Wärme zu entwickeln scheint, so kann doch auch in den Tropen heller gefärbter Sandstein unter verschiedenen Bedingungen entstehen, so z B. wenn die anstehenden verwitterten Felsarten nicht genügend Eisen enthalten [1]. Immerhin können wir aus den für die einzelnen Klimazonen charakteristischen Farben in den geologischen Formationsschichten mit ziemlicher Sicherheit auf alte klimatische Ursachen schließen.

Schließlich beruht das paläothermale Problem noch auf der Untersuchung der Gerölle, also auf dem Nachweis der Kritzung und Politur, bzw. auf die Feststellung eines pseudoglazialen Ursprungs beruht die Feststellung des Vorhandenseins und der Verbreitung ausgedehnter ehemaliger

[1]) Vgl. D. Kreichgauer, Äquatorfrage, Steyl 1902, Kap. 11, Verbreitung des Roten Sandsteines, S. 289 ff.

Eismassen. Bekanntlich haben die Gletscher durch die Bewegung den Felsuntergrund geschrammt und abgeschliffen, sie vermochten sogar flache Vertiefungen auszuhobeln, so daß sie sehr charakteristische Formen erzeugten. Das frühere Erosionsrelief wurde stark umgeändert, mitunter ganz verwischt; die Schuttwälle, welche die Eismassen zurückließen, dämmten die Wasserläufe häufig auf, so daß der Reichtum an Seen, Torfmooren und Sümpfen für die von eiszeitlichen Gletschern bedeckt gewesenen Gebiete äußerst bezeichnend ist. So ist selbst das Erdrelief zu einem guten Teil ein Produkt des Klimas, und frühere klimatische Verhältnisse lassen sich aus demselben ableiten.

Das paläontologische Beweismaterial und seine Bedingtheit.

Schon früh mußte man erkennen, daß die fossile Lebewelt, deren Reste man eingeschlossen in den geologischen Formationen fand, ihrem klimatischen Charakter nach von der heute an Ort und Stelle existierenden verschieden war. Denn außer tropischen Pflanzentypen finden sich sogar Riffkorallen, die heute eine Wassertemperatur von mindestens 20° beanspruchen, nicht nur in mittleren Breiten, sondern sogar innerhalb des Polarkreises in karbonen Schichten auf Nowaja Semlja und im Devon des Heureka-Sund sogar unter 78° n. Br. nachgewiesen.

Zwei Wege gibt es nun in der Hauptsache, die zur Feststellung der geologischen Klimate auf Grund der Fossilien führen können: man vergleicht entweder die organischen Formen aus verschiedenen Formationen und aus der Gegenwart miteinander und sucht aus der Änderung des Charakters derselben die Änderungen des Klimas im Laufe der Zeiten zu erkennen, oder man legt das Hauptgewicht auf den Vergleich der Floren und Faunen ein und derselben Periode und strebt danach, für die Vorwelt die Existenz oder das Fehlen von Klimaabstufungen festzustellen, wie wir solchen heute zwischen Pol und Äquator begegnen. Beide Wege vermögen unter der Voraussetzung sorgfältigster Prüfung der Erscheinungen in der Tat zum Ziele zu führen. Freilich ist bei derartigen Untersuchungen die Auswahl der Organismen durchaus nicht gleichgültig. Man denke nur an die heute ausschließlich tropischen Proboszidier, während ein Vertreter dieses Säugetierstammes, als kälteangepaßtes, sogar durch eine Afterklappe geschütztes Mammut, im Diluvium nicht nur die arktischen Gebiete Europas, sondern selbst die eisigen Tundren Sibiriens bewohnte.

Wenn indes in der Erdgeschichte die verschiedensten Organismen, sowohl die tierischen wie die pflanzlichen, auch die mannigfaltigsten Anpassungen an das Klima erlangt haben, so müssen wir doch in zweifelhaften Fällen stets die Erfahrungen der Gegenwart für die Deutung des Klimas nach Möglichkeit ausnutzen, weil sonst der paläoklimatischen Forschung jeder sichere Halt entzogen würde. Wenn z. B. die devonischen Riffkorallen auch einem ganz anderen Typus angehören als die Korallen der heutigen Tropenmeere, so dürfen wir nicht ohne weiteres von der Annahme ausgehen, daß erstere auch in kaltem Meerwasser gelebt haben könnten, weil wir uns auf den ersten Blick von ihrer eigentlichen Lebensweise keine Vorstellung machen können. Man muß vielmehr, wie v. Kerner im Anschluß an diese Erwägungen treffend bemerkt, einen Umweg einschlagen, um die paläozoischen Korallenriffe für ein warmes Klima in Anspruch nehmen zu können, indem man sich des Argumentes bedient, daß stark entwickelte Kalkbildung bei Meerestieren ein hochtemperiertes Wasser voraussetzt. Lediglich in diesem Sinne darf man, wie auch E. Dacqué bemerkt, berechtigterweise den Analogieschluß ziehen, daß auch die paläozoischen Riffe sich in einem warmen Klima und ebensolchem Meerwasser bildeten.

Ferner darf man aber auch nicht vergessen, daß die auf biologische und biogeographische Momente gegründeten paläoklimatologischen Schlußfolgerungen nicht nur aus Einzelvorkommen gewisser Arten von Lebewesen gezogen werden, sondern daß nach Möglichkeit auch der Charakter und die Art der Verteilung ganzer Floren und Faunen berücksichtigt werden müssen. Wenn wir z. B. in der ersten Hälfte der Tertiärzeit in der Arktis ganze Floren antreffen mit einem Habitus, den wir heute in subtropischen Gegenden finden, dann können wir auch ohne Bedenken auf ein entsprechend warmes Klima schließen. Denn es wäre gar nicht einzusehen, warum sich Pflanzen von subtropischem Habitus in einem kühlen Polarklima eingenistet haben sollten, nachdem doch, wie die paläophytologischen Funde beweisen, im Tertiär bereits genug Typen vorhanden waren, die durchaus an ein kühleres Klima angepaßt waren.

Aber nicht nur der allgemeine Florencharakter kann viel über die klimatischen Besonderheiten einer Erdepoche aussagen, sondern die Kenntnis der Ökologie der fossilen Vegetation ist für die Beurteilung des Klimas vor allem von größter Bedeutung, so namentlich die Form der vegetativen Organe, in erster Linie die Blattform, ferner der anatomische Bau der vegetativen Organe, die Jahresringbildung im Holzkörper, der Zeitpunkt des Laubfalles sowie die einzelnen Entwicklungsphasen namentlich der langlebigen Holzgewächse, wie Brockmann-Jerosch[1]) und O. Heer[2]) in einwandfreier Weise gezeigt haben.

Je weiter wir aber in die Vorzeit eindringen, desto mehr solcher Zeugnisse eines bestimmten Klimas müssen verlangt

[1]) Zwei Grundfragen der Paläophytologie. Englers Bot. Jahrb. f. Systematik 50, Suppl.-Bd. 249/267, 1914.

[2]) Untersuchungen über das Klima und die Vegetationsverhältnisse des Tertiärlandes. Winterthur 1860. Vgl. auch das siebenbändige Werk Heers: Flora fossilis arctica.

werden. Denn je weiter wir in die geologische Vergangenheit rückwärts dringen, um so einförmiger wird die Lebewelt, und in diesem Umstand ist für das Klimaproblem der Erde eine der Hauptschwierigkeiten begründet. Was dagegen die Organismen der jüngeren Vergangenheit anlangt, so besitzen diese unter den gegenwärtig lebenden Verwandte, aus deren Lebensbedingungen sich oft ohne weiteres ein ungezwungener Schluß auf die der fossilen Verwandten ziehen läßt.

Was aber die Gleichartigkeit der Flora oder Fauna einer geologischen Epoche anlangt, so folgt daraus noch keineswegs auch ihre absolute Gleichaltrigkeit[1]). Speziell die fossilen Floren höherer Breiten sind Küstenfloren gewesen, und ihre Bildung ist mit der Änderung der Konfiguration des Geländes allmählich mehr lokal entstanden, und es braucht daher nicht auf den weitesten Strecken des Erdballs ein und dieselbe Flora gleichzeitig existiert zu haben. So kann man, um ein Beispiel vorwegzunehmen, in der arktischen Tertiärflora mit subtropischem Charakter sowohl ein Äquivalent der tropischen Eozän- und Oligozänflora als der subtropischen Miozänflora Mitteleuropas sehen. Im ersteren Falle würde zwischen der subtropischen Tertiärflora der Polargebiete und der subtropischen des schweizer und westdeutschen Miozäns ein ähnliches Altersverhältnis bei gleichzeitiger naher Verwandtschaft bestehen, wie zwischen de fossilen miozänen Flora Mitteleuropas und der heute noch fortlebenden nahe verwandten subtropischen Vegetation Japans und der südlichen Vereinigten Staaten, und die Temperaturdifferenz zwischen Mitteleuropa und dem Polargebiete wäre bedeutend und keineswegs bestände ein homogenes Klima. Gleichwie aber die Erde auch heute nicht gleichmäßig von den Organismen bewohnt wird, so wäre eine zuverlässige Lösung dieser Frage

---

[1]) Vgl. H. Potonié, Lehrbuch der Pflanzenpaläontologie, Berlin 1899, S. 357.

für die geologische Vergangenheit nur durch kontinuierliches Verfolgen der Tertiärschichten nach Norden möglich; ein solches aber ist infolge der Unterbrechung des Festlandes durch den Ozean ausgeschlossen. Namentlich aus solchen Gründen aber sind wir außerstande, ein zusammenhängendes geologisches Profil der ganzen Erdkruste freizulegen.

Nicht zu vergessen ist aber schließlich die oft große Unvollständigkeit der paläontologischen Überlieferung. Es sei nur an diejenigen Fossilien erinnert, welche vermöge ihrer weichen Körperbeschaffenheit, ihres Aufenthaltes oder ihrer Lebensweise überhaupt, nur durch das zufällige Zusammentreffen seltener Umstände als Fossilien erhalten werden können, wie z. B. Quallen, Aszidien, Insekten, Vögel, kleine Säugetiere, krautartige Pflanzen u. a. m., sowie an die Zufälle der Auffindung der Fossilien überhaupt.

Das Klima der einzelnen Erdperioden.

Es fällt uns zunächst die Aufgabe zu, die Eigentümlichkeiten des Klimas der einzelnen geologischen Epochen[1]) näher ins Auge zu fassen und zuzusehen, ob sich zunächst auch ohne Anwendung irgendwelcher hypothetischer Hilfsfaktoren Erklärungsgründe für dieselben finden lassen.

Die präkarbonen Perioden.

Über das Klima der präkarbonen Perioden können wir uns kurz fassen. Wenn in den festländischen Ablagerungen des Algonkiums noch keine Spur von Landpflanzen gefunden wurde, so muß der wüstenartige Charakter des damaligen Festlandes betont werden. Die eckige Beschaffenheit und die geringe Entfernung des Gesteinschuttes von seinem Ursprungsort spricht für seltenen Regen, die Trockenrisse für intensive Sonnenwärme. Die ersten deutlichen Spuren des

Erdenklimas sind uns aus dem Algonkium und Kambrium überliefert[1]), vor allem ausgedehnte Eiszeitspuren. So beweisen z. B. in Südaustralien die durch interglaziale Schichten gegliederten Tillite, daß hier drei algonkische Esizeiten aufgetreten sind[2]). Wenn wir uns die oben angedeutete Wirkung der verschiedenen Klimate der Erde auf die Bodenbildung vergegenwärtigen, so kommen wir für diese Epoche zu dem bemerkenswerten Resultate, daß ganz analog den heutigen Verhältnissen rote Konglomerate, Sandsteine und Schiefer in niederen Breiten, gelbe, graue und grüne Farben dagegen in höheren Breiten vorwiegen. Aus dieser Tatsache aber ist ohne weiteres der Schluß berechtigt, daß auch damals bereits klimatische Unterschiede existierten und daß die Lage der Klimazonen zwischen Äquator und Pol annähernd dieselbe wie heute gewesen sein muß. Ist doch auch unter dem Wendekreise in Nordindien ein abflußloses Gebiet nachgewiesen worden, wo ein Salzlager von 150 m Mächtigkeit in der Salt-range auftritt.

Was dagegen die nördlichen Gebiete anlangt, so sind Spuren von Gletscherwirkungen im Kambrium von Pennsylvanien vermutet worden, sowie östlich des Nordkaps am Varanger Fjord, ganz abgesehen von der nicht ganz beweiskräftigen Verbreitung der Hyolithen in Lappland, Schottland und Nordamerika. Neuerdings sind auch aus Australien und China kambrische Moränen beschrieben worden, und wenn auch noch keineswegs an allen diesen Stellen der Erde die Eiswirkung vollkommen einwandfrei erwiesen ist, so ist doch an der Existenz von Eisdecken bereits im Kambrium nicht mehr zu zweifeln.

[1]) Vgl. hierzu als geographische Grundlage das in dieser Sammlung erschienene Bändchen: Koßmat, Paläogeographie (Geologische Geschichte der Meere und Festländer), 2. Aufl., 1916; namentlich auch die beigegebenen Tafeln, Verteilung von Land und Meer während der wichtigsten Formationen, im vorliegenden Falle Fig. 1 und 2.

[2]) Vgl. J. Walther, Allgemeine Paläontologie S. 459/60.

Hat man doch auch an der Basis des Kapsystems im mutmaßlich silurischen Tafelbergsandstein einen „Tillit" entdeckt, d. h. ein Gestein, welches aufs Haar einem verfestigten, in Schottland „Till" genannten Geschiebelehm gleicht und gekritzte Geschiebe von echt glazialem Charakter führt. Ferner hat man in einem noch tieferen Horizonte, nämlich in den Prätoriaschichten des Transvaalsystems, gleichfalls Spuren von „Tillit" gefunden, die ebenfalls zweifellos für glazial gehalten werden müssen. Diese Funde beweisen also zur Evidenz, daß bereits im Paläozoikum eine deutliche Zonengliederung, bzw. starke klimatische Unterschiede auf der Erde vorhanden waren. Da im übrigen das Silur- und Devonklima dem karbonischen sehr ähnlich gewesen sein dürfte, so wollen wir uns in der Hauptsache auf die Charakteristik des Karbonklimas beschränken und nur gelegentlich, wenn es der Gegenstand erfordert, auf die Klimate früherer Epochen verweisen.

Das Karbon.

Da Tiefseebecken vom Charakter der heutigen abyssalen Depressionen im Karbon noch nicht existierten oder doch erst in den Anfängen ihres Entstehens begriffen waren[1]), so mußte der Weltozean seinen Spiegel höher spannen über die damaligen Kontinente als in der Gegenwart und die Herrschaft, eines ozeanischen Klimas mußte sich auf weiten Gebieten des Erdballs geltend machen. Die weltweite Verbreitung der Steinkohlenflora mag daher zu einem guten Teil auf diese Tatsachen sich zurückführen lassen. Doch dürfen wir auch nicht vergessen, daß überhaupt noch im Paläozoikum eine einför-

---

[1]) J. Walther, Über Entstehung und Besiedelung der Tiefseebecken, Naturw. Wochenschrift N. F., Bd. III, Hft. 4/6.

migere Organismenwelt existierte. Ist doch nicht nur die karbonische Meeresfauna in ihrer pelagischen Fazies, sondern auch in den Brachiopoden-, Schnecken-, Seelilien- und Korallenablagerungen der Flachsee an den entferntesten Punkten der Erde eine überraschend gleichartige. In den unteren Karbonschichten unter 74 und 76° n. Br. findet man dieselbe üppige Karbonflora, welche auch die Gebiete der gemäßigten Neuen und Alten Welt zur Karbonzeit besiedelte, während man im Kohlenkalk an der Nordküste von Grinelland (83° n. Br.) auf Korallen und Kephalopoden von dem Habitus eines mindestens warmen Klimas stieß. Auch von der Bäreninsel und von Spitzbergen wurden karbonische Pflanzengattungen und Arten beschrieben, die mit denen Europas identisch waren. Ja, die den Bärlappen und Schachtelhalmen verwandten Bäume sowie die Farne, welche die Steinkohlenflöze in der Hauptsache gebildet haben, verbreiten sich, abgesehen vom äußersten Norden, über 76° fast unverändert von Spitzbergen und Nowaja Semlja bis an den Sambesi und Südbrasilien. Vornehmlich auf Grund dieser Funde hat man geschlossen, daß in der Karbonzeit ein homogenes Klima auf der Erde geherrscht habe.

Bezüglich Klima und Kohlenbildung sind indessen die Beziehungen auf den ersten Blick nicht so einfach. Sind doch die hauptsächlichsten Fundorte der Steinkohlenflora nach Neumayr auf einen Gürtel von wechselnder Breite beschränkt, welcher seine Südgrenze zwischen 30 und 40° und seine Nordgrenze zwischen 50 und 60° n. Br. hat. Besonders auffallend ist aber, daß sämtliche mächtigeren Steinkohlenlager auf einen Gürtel der Nordhalbkugel beschränkt sind, der ungefähr zwischen dem 25. und dem 50. Grad n. Br. liegt. Nördlich und südlich davon werden die Kohlen seltener, und die Küsten des Gondwanalandes zeigen uns gegen Ende des Karbons Flöze in Neusüdwales und Tasmanien sowie im südlichen Brasilien, und zwar beide Funde wiederum hauptsächlich zwischen dem 25. und 45. Grad s. Br.

Wollten wir indessen aus dem verhältnismäßig seltenen Auftreten der typischen Steinkohlenflora zwischen den Wendekreisen sowie aus der Tatsache, daß sich in den Kohlenflözen höherer Breiten vielfach keine Lepidodendren oder doch nur kleine (verkümmerte?) Exemplare befinden, den Schluß ziehen, daß die Kohlenbildung in den Tropen nicht oder doch höchstens unter Ausnahmebedingungen möglich sei, oder wollten wir vielleicht gar daraus folgern, daß die Kohlenflora überhaupt nicht unter einem reinen Tropenklima ihre fossilen Reste hätte absetzen können, so würde das sehr falsch sein. Wir müssen vielmehr zur Erklärung dieser Erscheinung nach Vergleichsdaten suchen, die uns etwa heutige Verhältnisse bieten können; und da haben erst die Forschungen der neuesten Zeit Licht, und zwar ein vollkommen unzweideutiges, verbreitet. So hat H. Potonié einwandfrei gezeigt, daß die fossil als Steinkohlenlager vorhandenen Karbonmoore durchaus den Charakter unserer heutigen tropischen Sumpfflachmoore besaßen, nachdem es gelungen war, auf der Insel Sumatra, auf Ceylon und im äquatorialen Afrika festzustellen, daß auch in der Gegenwart unter tropischem Klima an dauernd mit ruhigem Wasser bedeckten Örtlichkeiten echte Torflagerstätten, und zwar große Sumpfflachmoore, entstehen können, deren Flora in ihrem ökologischen Charakter der Flora des produktiven Karbons entspricht. Die Sumpfflachmoorbildungen selbst sind im Tropenklima nach Potonié deswegen möglich, weil kaustobiolithisches Material sich überall unter Wasser leichter erhält als über dem Grundwasser.

Nachdem so durch die Erforschung namentlich des großen Sumatratropenmoores, das sich in der heißen Ebene des flachen, östlichen Teiles dieser Insel an dem linken, nördlichen Ufer des Kamparflusses in einer Entfernung von mehr als

90 km von der Meeresküste befindet, ein erster Einblick in die Ökologie einer Tropenmoorvegetation gewonnen war, sind wir „nunmehr in der Lage, auf diejenigen Merkmale der paläozoischen Flora einzugehen, die im Vergleich mit denjenigen der heutigen Floren auf die Moornatur der Steinkohlenlager des Paläozoikums hinweisen".

Zunächst entspricht nach Potonié der Gesamtcharakter der Karbonpflanzen, ihre Größe und Üppigkeit, unbedingt demjenigen von Flachmoortypen, während der Pflanzenwuchs unserer Hochmoore, unter dem vor allem die Moose (namentlich die Sphagnazeen) eine Hauptrolle spielen, klein ist und xerophytische Merkmale für kühles Klima trägt.

Für die Tropenpflanzennatur sprechen aber nach Potonié[1]) noch folgende Merkmale:

1. Die fertilen Reste der Farne sprechen hinsichtlich des Baues ihrer Sori und Sporangien für ihre Verwandtschaft mit Familien, die heute in den Tropen heimisch sind, und zwar vor allem mit den Marattiazeen.

2. Gleichwie das Überwiegen großer, baumförmiger Gewächse im Karbon auch aus Gruppen, die heute meist krautig sind, bezeichnend ist, so haben wir es bei den Karbonfarnen überwiegend mit Bäumen sowie kletternden, bzw. windenden Farnen zu tun, während heute im gemäßigten Klima, wo die Temperatur regelmäßig und stärker unter den Gefrierpunkt sinkt, nur Farnstauden gefunden werden.

3. Die Aphlebien auf der Wedelhauptspindel vieler Karbonfarne sind eine Eigentümlichkeit, die heute ebenfalls nur an Farnen der Tropen beobachtet wird. Sie sind als Schutz- und Taublätter für die Jugendwedel aufzufassen, die gerade, um schnell aufwachsen zu können, viel Wasser brauchen und durch Vermittlung der Aphlebien auch den Tau ausnützen.

4. Die Größe der Wedel einer bedeutenden Zahl von

[1]) Jahrb. d. Pr. Geol. Landesanst. 30. I. H. 3. 1909.

Karbonpflanzen spricht ebenfalls für Verhältnisse, wie sie im Tropenklima, nicht aber unter gemäßigtem Klima vorkommen, da große Wedel und Blätter sich nur dort entwickeln können, wo ihnen das Klima genügend Zeit läßt.

5. Die Stammbürtigkeit der Blüten (Kauliflorie) der Kalamariazeen, gewisse Lepidodendrozeen und der Sigillariazeen spricht ebenfalls für ein feuchtes Tropenklima.

6. Die echten Karbonbäume zeigen in ihrem Holzkörper nur ganz ausnahmsweise einmal Zuwachszonen. Wenn sich aber solche Erscheinungen auch nur sehr selten finden, so genügt dieser Umstand dennoch, um zu zeigen, daß die Karbonbäume sehr wohl in der Lage waren, auf periodische Wachstumsstörungen in derselben Weise zu reagieren wie die späteren und heutigen Bäume; und es leuchtet ferner ein, daß lediglich örtliche, wohl meist edaphische Ursachen, eine solche Abnormität hervorzurufen vermochten, nicht aber ein so universeller Faktor, wie es das Klima ist.

Die Steinkohlenflora wuchs aus diesen Gründen in einem echten Tropenklima, das keine regelmäßige Ordnung der Jahreszeiten besaß.

Die klimatischen Verhältnisse im Permokarbon.

Der Sitz der permokarbonen Eiszeit.

Den stärksten Stoß dürfte die Lehre vom homogenen Klima des Paläozoikums erlitten haben, nachdem sich die Deutung gewisser karboner Vorkommnisse als Gletscherbildungen bestätigt hat. Es treten nämlich in den oberen Karbonschichten im südlichen Afrika, in Togo, im Kongogebiet, in Australien, Indien sowie in Brasilien, Argentinien, auf den Falklandinseln vielfach eigentümliche Konglomerate auf, die in Schieferton und feinkörnigen Sandstein eingebettet sind und gekritzte Blöcke von echt glazialem Habitus enthalten. Der Umstand, daß die einzelnen Geschiebe geschrammt und gekritzt sind, ganz wie die diluvialen, beweist deutlich den Eistransport, bzw. die Wirkung des Eises überhaupt. Aber nicht nur die geschrammten und gekritzten Geschiebe sowie typische Grundmoränen sind aus Ostindien, Südafrika und Victoria beschrieben worden, auch unzweifelhafte Schrammung des Untergrundes ist wiederholt beobachtet worden. Speziell die unter dem Produktuskalk liegende, dem europäischen Rotliegenden parallelisierte Pandschab- oder Geschiebegruppe stellt einen Ausläufer der im peninsularen Indien weitverbreiteten Glazialfazies des Perms dar: der alle Merkmale einer Grundmoräne zeigende, 10—40 m starke basale Blocklehm ist ein gelblicher bis rötlicher, ungeschichteter, grobkörniger Lehm mit zahlreichen wirr gelagerten, eckigen, zum großen Teil gekritzten Geschieben von Porphyr und anderen ihrer Heimat nach unbekannten Gesteinen.

Die Eiswirkung selbst ist nicht von polarer Richtung ausgegangen, sondern die Gletscher kamen in Südafrika von Norden und aller Wahrscheinlichkeit nach in Asien aus derselben Richtung, während fast unter demselben Breitengrade auf der nördlichen Halbkugel, in Ostindien, die Gletscher von Süden kamen.

Speziell in Südafrika erkennen wir die Spuren des einem verfestigten Geschiebelehm gleichenden, nach englischer Grundlage „Tillit" genannten Gesteins auf zwei Seiten eines Dreiecks, dessen Spitze unfern Pretoria, dessen anderes Ende nördlich Durbans, dessen drittes am Orangeflusse bei Priska gelegen ist, also an zwei Seiten eines Dreiecks, verglichen an Größe dem Dreieck Kassel—Königsberg—Krakau. Man hat es also in Südafrika hart an der Grenze der Tropenzone, zwischen 26 und 31° s. Br. mit den Spuren eines permokarbonen Inlandeises zu tun, das zweifellos seinen Ausgangspunkt vom nördlichen Transvaal hatte, von wo aus es sich gegen Natal, Kapland und Namaland erstreckte, sich also polwärts bewegte.

Fast unter denselben Breitengraden beobachtete man in Australien ganz ähnliche Folgen von Gletschererscheinungen[1]). Nahe bei Adelaide sind gefaltete Tonschiefer und Quarzite, in Victoria silurische Gesteine mit deutlichen NS und EW gerichteten Gletscherschliffen bedeckt, und zwar haben wir es in Südaustralien und Tasmanien ebenso wie in Südafrika mit den Wirkungen eines Inlandeises zu tun. Weiter nördlich in Neusüdwales dagegen müssen die Zungen der australischen Gletscher bis zur Küste des Meeres gereicht haben, denn sie wechsellagern hier mit marinen Gesteinen. Dasselbe war schließlich auch in 20° n. Br. auf der ostindischen Halbinsel im Norden und Nordosten von Dekhan der Fall, wo die von einem südlichen Ursprungslande stammenden Gletscher ebenfalls bis ins Meer reichten. In Gesellschaft mit diesen geologischen Funden tritt die Glossopterisflora auf, welche eben ihren botanischen Merkmalen nach die kontinentale und in höheren Breiten entstandene Fazies der Karbonflora darstellt. Nach J. Walthers Untersuchungen an Ort und Stelle in Australien „waren die Glossopteriden kriechende Gewächse, die auf ihrem im sumpfigen Lockerboden wachsenden Rhizom dichte Blattbüschel bildeten, welche sich rasch entwickelten und ebenso leicht abfielen, so daß zahlreiche Generationen von Blättern auf sinkendem Untergrund mächtige Kohlenlager erzeugten; ähnlich wie heute die viel kleineren Sphagnazeen zu hohen Torflagern Anlaß geben. Daß sie keine Farne waren, sondern eine besondere Pflanzenfamilie bildeten, geht aus ihrem Blattbau ebenso wie aus ihrer stratigraphischen Ver-

[1]) Vgl. A. Penck, Die Eiszeiten Australiens, Ztschr. d. Ges. f. Erdkunde zu Berlin 1900, Bd. 35.

breitung hervor. Ihre Lebensweise und Organisation ist als eine Anpassung an die Nähe des Eisbodens zu betrachten, der Mangel eines Stammes und von größeren Blattrippen steht im Einklang mit den ungünstigen Lebensbedingungen ihrer Heimat.“ Von den eisnahen Tundren im heutigen Tropengebiet Australiens verbreitet sich Glossopteris über ungeheure Gebiete bis nach Sibirien, allem Anschein nach jenseits der damaligen Baumgrenze. Nach A. Wegener wird diese damalige Polarflora auf den Südkontinenten allgemein in Schichten gefunden, die teils unter, teils über den Glazialschichten liegen und also eine ähnliche Rolle spielen, wie die Interglazialschichten der europäischen Eiszeit. Die Glossopterisflora greift aber noch weit über die Eisgrenze hinaus. Außerdem wurden Hölzer mit Jahresringen in Australien (Neusüdwales) und auf den Falklandinseln gefunden.

Was nun den Erklärungsgrund für das Vorkommen mächtiger Eismassen gerade an den Grenzen der Tropenzone anlangt, so muß vor allem betont werden, daß, um unter den gegenwärtigen geographischen Verhältnissen an den bezeichneten Stellen solch enorme Eismassen ins Dasein zu rufen, nur wenige Teile der Erdoberfläche einer allgemeinwerdenden Vereisung entgehen würden: müßte doch die heutige Schneegrenze stellenweise um 3000 m herabgesenkt werden. Aber es genügt auch nicht die bloße Annahme einer bedeutenden Hebung jener Gebiete über den Meeresspiegel, denn gerade die Grenzgegenden der Tropenzone sind der Entstehung ausgedehnter Gletschermassen überaus ungünstig, weil gerade für diese Länder der Erde je nach ihrer Lage zum Meere bzw. den umgebenden Landmassen, Luftdruck und Winde entweder ein trockenes Wüsten- bzw. Steppenklima oder ein Monsunklima bedingen, in welch letzterem die kalte Jahreszeit arm an Niederschlägen ist, in der warmen Jahreszeit aber letztere bis in große Höhen hinauf in Form von Regen fallen und so das Schmelzen des winterlichen Schnees noch unterstützen. Beide Klimatypen sind demnach der Gletscherbildung in höchstem Grade ungünstig. Es können also nur ausgedehnte und zugleich in bedeutenderer Meereshöhe gelegene Ländermassen höherer Breiten die Entwicklung größerer Binnenlandeismassen herbeiführen.

Für jene Länder niederer Breiten, welche der Sitz der permokarbonen Eiszeit waren, muß ohne weiteres ein feuchtes Klima angenommen werden, was diese Gegenden in einen scharfen Kontrast zu den europäisch-nordamerikanischen Trockengebieten bringt, wo wir im Perm die Steinkohlenbildung verdrängt sehen durch Steppen- und Wüstenerscheinungen.

Zur Zeit der älteren Dyas hat in Europa zwar ein Wüstenklima noch nicht bestanden, wie schon die ausgedehnten Binnenseen mit ihrer reichen Fisch- und Lurchfauna beweisen. Ferner sprechen Konglomerate mit ihren im Wasser abgerollten Geschieben und der oft mehrere hundert Meter erreichenden Mächtigkeit für das Vorhandensein von Wildbächen und reißenden Flüssen während der Epochen des Rotliegenden und zum Teil sogar des mesozoischen Buntsandsteins. Es ist sonach klar, daß die mächtigen, aus gerundeten Rollsteinen bestehenden Schichtensysteme der Gesamtmasse des deutschen Rotliegenden ebensowenig unter der Herrschaft der typischen Wüstenwinde, der Passate, entstanden sind, wie die mit Fischen, Schaltieren und Amphibien erfüllten Absätze alter Binnenseen. Denn die Kantengeschiebe, die Merkzeichen der schleifenden Tätigkeit des Windes, fehlen im deutschen Rotliegenden vollkommen. Während desselben kann demnach in Europa kein typisches Wüstenklima, sondern höchstens ein durch Regen- und Trockenzeiten charakterisiertes Steppenklima geherrscht haben, was auch durch die Jahresringe des Staßfurter Steinsalzlagers bestätigt wird.

In der Neodyas, am Schluß der Zechsteinepoche, trocknete indessen das nordische bis nach Mitteldeutschland vordringende Meer unter der Herrschaft eines reinen Wüstenklimas aus. Es wurden also nicht die Steinkohlenbildungen in Europa unmittelbar durch Wüstenerscheinungen verdrängt, vielmehr liegt die außerordentlich lange, durch mannigfache Erosionserscheinungen, vulkanische Ausbrüche sowie durch eine Meerestransgression des unteren Zechsteins ausgefüllte Periode der älteren und mittleren Dyas zwischen der europäischen Steinkohlenformation und der im Steppen- und Wüstenklima erfolgenden Bildung der mittel- und norddeutschen Salzlager, d. h. der Zeit des mittleren und oberen Zechsteins.

Das ist die großartige Erscheinung der Austrocknung jenes permischen Meeres, dem wir unsere norddeutschen Kali- und Salzlager verdanken. Aus den Jahresringen des Steinsalzlagers zu Staßfurt aber finden wir ferner die deutlichen Symptome dafür, daß gegen Ende des Paläozoikums die Schiefe der Ekliptik eine beträchtliche war und somit ein auffallender Jahreszeitenwechsel bereits damals existierte. Einen Jahreszeitenwechsel aber lassen die im östlichen Vorderindien gefundenen eigentümlichen „Facettengeschiebe", die man lange Zeit zu den „pseudoglazialen" Bildungen rechnete, ebenfalls erkennen: sie zeigen, daß der blockreiche Schlamm der Küste während strenger Winter wiederholt tief gefroren gewesen sein muß. Denn große erratische Blöcke sind mit spiegelglatten Facetten bedeckt, so daß man deutlich erkennt, wie sie, eingefügt in den gefrorerenen Schlamm, bei einem abermaligen Vorstoß des Eises mit jenem glattgeschliffen wurden.

Die biologischen Folgen der permischen Eiszeit äußerten sich nach J. Walther „in der grundsätzlichen Umgestaltung der festländischen Flora. Nachdem während der Devon- und

Karbonzeit eine früher im Meer, dann in dem Brackwassergebiete der Ästuarien heimisch gewordene Flora von Gliederpflanzen (Pseudobornia, Sphenophyllum, Equiseten), Schuppengewächsen (Lepidodendren, Knorria), Siegelgewächsen (Sigillarien) und Farnblattgewächsen an den Flüssen entlang ins Festland eingedrungen war und sich zu verbreiten begann, trat der große Klimawechsel ein, und alle diese blühenden Geschlechter gingen zugrunde. Die letzte Sigillarie (Pleuromeia) rettete sich in die Oasen der Buntsandsteinwüste, um dann unter den Fluten des Muschelkalkmeeres zu sterben."

Das Mesozoikum.

Aus der relativ großen Fossilienarmut der gewaltigen mesozoischen Landmassen, vor allem des afrikanischen Kontinentes, hat man den Schluß ziehen zu müssen geglaubt, daß während des heißen Klimas dieser Erdepoche die Temperatur der großen Festländer zwischen den Wendekreisen zu hoch gewesen sei, um organisches Leben überhaupt aufkommen zu lassen[1]). Da indessen eine Temperaturerhöhung im Äquatorialklima stets auch eine stärkere Verdunstung bedingen muß und nach Erreichung des Sättigungsgrades der Luft der Überschuß in Wasser, in Wolken, Nebel und Regen umgesetzt wird, so muß durch Hervortreten dieser meteorologischen Faktoren im Tropenklima die direkte Wärmequelle, die Sonnenstrahlung, abgedämpft werden. Selbst bei einer heißeren Sonne oder anderen Beschaffenheit der Luft wird daher eine Änderung des Klimas der Erde in positivem Sinne keine so enormen Temperatursteigerungen bedingen, daß Organismen zwischen den Wendekreisen überhaupt nicht zu leben imstande wären.

---

[1]) S. Passarge, Inselberglandschaften, Naturwiss. Wochenschr. 1904, S. 636.

Mit anderen Worten: eine Wüste katexochen ist unter dem Äquator meteorologisch unmöglich.

Der wüstenartige Charakter der mesozoischen Festländer im allgemeinen.

Um die relative Fossilienarmut gewisser mesozoischer Länder zu erklären, wird daher wohl nach einer anderen Ursache für diese Erscheinung gesucht werden müssen, und diese ist in folgendem Umstand begründet: In geologischer Vorzeit war die Wüste nicht so ausgeprägt ein klimatischer oder in zweiter Linie edaphischer Effekt wie heute, sondern vielmehr die Folge einer noch nicht ausgeprägten Xerophilie der Pflanzenwelt [1]), einer Eigenschaft, die sich diese in der Hauptsache erst im späteren Mesozoikum, und zwar zunächst aus der kontinentalen Fazies der permokarbonischen Flora, der Glossopterisflora, heraus, in ihrer Vollendung jedoch erst im Känozoikum erwirbt. Wenn die gesamte Dikotyledonenflora der tropischen Urwälder und die einer der heutigen Wüsten- und Steppenflora entsprechende Pflanzenwelt jenen Zeiten fast vollkommen noch fehlte, und wenn ferner die frühmesozoische Pflanzenwelt selbst in den in klimatischer Hinsicht nicht den Wüsten- und Steppengebieten gleichenden Zonen noch enger an die Nähe des Wassers gebunden war, so können wir ebenso das farbenreiche Landschaftsbild verstehen, dessen versteinerte Überreste in den roten Sandsteinen und Konglomeraten, welche diskordant die Senken zwischen zackigen Felsen erfüllen, wie die meist nur vereinzelten Fossilien größerer Amphibien oder Reptilien, die in den schwarzen eingeschalteten Kohlenflözen oder den grauen und roten sandigen Tonen uns erhalten sind. In den Klimaten mit wechselnden Winden, welche die gemäßigten Breiten selbst

[1]) Vgl. oben S. 22/23. Vgl. auch S. 108.

bei einer im allgemeinen etwas höheren Temperatur der Erde auch im Mesozoikum besessen haben müssen, kann daher ebenso wie im Rotliegenden nur ein Teil der Sandmassen als fossile Dünen gedeutet werden.

Die typischen Wüstenbildungen des Mesozoikums.

Handelt es sich demnach nicht immer um einen typischen Wüstencharakter des Klimas in weiten Gebieten der Erde im Mesozoikum, so sind typische Wüstenbildungen in größerer zeitlicher und räumlicher Ausdehnung doch in niederen Breiten für dieses Zeitalter bekannt geworden. Als ein wesentlicher Charakterzug weiter Teile von Afrika, aber auch von Australien, Zentralasien und Südamerika sind die weit ausgedehnten, oft völlig ebenen Rumpfflächen zu bezeichnen [1]). Unter diesen versteht man die durch die Abtragung früherer Gebirge geschaffenen Ebenen, über denen unvermittelt sich einzelne scharf umgrenzte „Inselberge", d. h. isolierte Berge und Gebirgsstöcke, „wie Inseln aus dem Meere" als Zeugen für das Vorhandensein der früher weit ausgedehnten, jetzt verschwundenen Gesteinsmassen erheben. Ihre Charakterform als Insellandschaft haben aber die betreffenden weiten Gebiete Inner- und Südafrikas in langen Zeiträumen der Trockenheit unter der Herrschaft des Windes, und zwar eines sehr gleichmäßigen, wohl das ganze Jahr hindurch kontinuierlich wehenden Windes, wie es nur der Passatwind sein kann, erhalten. Daraus geht hervor, daß jene Länder im allgemeinen ein trockenes Klima gehabt und in relativ niederen Breiten gelegen haben müssen, wo die meteorologischen Bedingungen die Entstehung der Wüstenzone bedingen konnten.

So sprechen denn auch die Ergebnise der dynamisch-

---

[1]) Vgl. S. Passarge a. a. O. sowie die Aufsätze desselben Verfassers in Monatsber. d. deutsch. geol. Ges. 1904, S. 193—215 und Kap. 35: Die mesozoische Wüstenperiode in dem Werke „Die Kalahari", Berlin 1904.

geologischen Forschung gegen ein uniformes Klima in früheren Erdperioden. „Denn wie soll man sich auf einem zu einem großen Teil mit Wasser bedeckten Planeten eine typische Wüstenbildung ohne stetige trockene Winde, und diese ohne ungleiche Hebung der Flächen gleichen Druckes und diese Hebung schließlich ohne eine im Vergleich zu den Nachbarregionen stärkere Erwärmung eines Erdgebietes vorstellen. Führt doch auch die Wüstenbildung infolge kalten Küstenwassers auf dem Umwege der Meeresströmungen auf die Passate und auf einen Wärmeunterschied zwischen dem Doldrumgürtel und den Roßbreiten als letzte Ursache zurück."

Die Klimazonen im Mesozoikum, besonders in der Jura- und Kreideperiode.

Zweifellos hat namentlich in der ersten Hälfte des Mesozoikums die Erde eine höhere Wärme besessen als heutzutage, denn Eisspuren als Zeugen kalten Klimas finden sich nirgends, wo immer wir auch die Pole hinverlegen mögen. Dafür spricht ohne weiteres die allgemeine Verbreitung der großen wechselwarmen Reptilien von Südafrika bis Nordrußland sowie im südlichen Nordamerika und ferner das gleichartige Vorkommen triadischer Flachseebewohner rings um den Stillen Ozean und schließlich die Verbreitung der Sagopalmen oder Zykadeen, auf die man selbst bei Kap Stephan auf Franz-Joseph-Land, dem nördlichsten bekannten Fundort mesozoischer Pflanzen, gestoßen ist. Immerhin macht sich seit der Juraperiode die auffallende Tatsache bemerkbar, daß die versteinerten Hölzer, welche in unseren Breiten gefunden wurden, periodische Jahresringe zeigen, die eben nicht anders gedeutet werden können, als daß sie in rhythmischem Wechsel mit den Jahreszeiten erzeugt worden sind. Den sichersten Aufschluß liefert das dem oberen Jura und der unteren Kreide entstammende Material von König-Karls-Land, welches bereits so stark abgesetzte Jahresringe zeigt, wie die rezenten Hölzer, und zwar überwiegen hier die für ein kühleres Klima charakteristischen Abietineen, während Araukarien nicht handen sind. An den kretazeischen Hölzern dagegen, welche in Deutsch-Ostafrika gefunden worden sind, lassen sich in keiner Weise Jahresringe nachweisen. Neben dem Vorkommen der Abietineen zur Kreidezeit in den höheren Breiten aber prägt sich die Klimazonenbildung zu dieser Epoche vor allem auch in dem Hervortreten der tropophyten Laubhölzer aus. Somit aber hat der Holzbau bereits zu Ende des Mesozoikums im Prinzip bereits vollkommen die Eigenschaften angenommen, die wir an den rezenten Vertretern dieser Familie zu sehen gewohnt sind[1]).

Die Jurazeit ist ferner für viele Teile der Erde eine Zeit exzellenter Moorbildung gewesen, und Kohlenflöze aus dieser Formation sind allgemein verbreitet, so z. B. in Ungarn, Japan, China und England (Yorkshire), wo meist überall die Hölzer in der Nähe des Meeres wuchsen und obwohl auf diese Weise den kontinentalen Einflüssen entrückt, trotzdem eine gute Jahresringbildung aufzuweisen haben. Daß aber in Ländern der höheren Breiten eine verhältnismäßig hohe Wärme geherrscht haben muß, geht daraus hervor, daß die zenomanen Ataneschichten Nordgrönlands Diktylen in Menge enthalten: u. a. Magnolien, Crednerien, Ficus-Arten, Sassafras; ja, unter 70° n. Br. ist für diese Periode sogar der Brotfruchtbaum (Artocarpus), ein echt tropisches Gewächs, nachgewiesen worden. Die Vertreter jener anderen Gattungen bzw. gar identischen Arten aber sind heute alle in Nordamerika 35 Breitengrade südlicher zu finden.

[1]) W. Gothan und E. Höhne, Über die Frage der Klimazonenbildung in Jura und Kreide, Naturwiss. Wochenschr. N. F. 1908, Bd. VII, Nr. 14, Vgl. auch W. Gothan, Die Jahresringbildung bei den Araukaritenstämmen in Beziehung auf ihr geologisches Alter, Naturwiss. Wochenschr. N. F. Bd. III, Nr. 38, sowie W. Gothan, Die Entwicklung der Pflanzenwelt. Osterwieck 1909.

Gegen das Innere Nordamerikas muß jedoch in der Kreide ein kälteres Klima geherrscht haben, denn nicht so sehr der tropische oder subtropische als vielmehr der „spezifisch amerikanische Charakter" macht sich in der Pflanzenwelt bemerkbar: die meisten Baumtypen, die gegenwärtig in Nordamerika gedeihen, sind in der oberkretazeischen Dakotaflora bereits vertreten. Zu jener Zeit sind aber auch die großen Sauropoda in diesen Gegenden bereits ausgestorben, während sie sich in südlicheren Breiten des Kontinents und in Ostafrika, wie die neuesten, namentlich in der Gegend von Lindi gemachten Funde beweisen, weit länger sehr zahlreich erhalten haben.

Die Temperaturverhältnisse der Erde zur Jurazeit nach Neumayr und von Kerner.

Welch wichtige Rolle die Verteilung des Festen und Flüssigen auf der Erde für die Temperaturverhältnisse spielt, geht aus den Berechnungen der Mitteltemperaturen der einzelnen Zonen und Gebiete hervor, die Fr. v. Kerner[1]) ohne Heranziehung irgendwelcher hypothetischer Hilfsfaktoren ganz nach Maßgabe der heutigen Verhältnisse für die Jurazeit berechnet hat, unter der Annahme, daß die Verteilung von Wasser und Land damals der Weltkarte von Neumayr entsprach. Es ergab sich, daß in der Jurazeit die Temperatur von 20° N bis 40° S bedeutend höher war als jetzt; auch von 50° bis 70° n. Br. war sie höher und nur unter 30° N niedriger, also ganz im Gegensatz zu den heutigen Verhält-

---

[1]) Fr. von Kerner, Eine paläoklimatologische Studie, Aus den Sitzungsberichten der Kais. Akademie der Wissenschaften in Wien, Math.-naturw. Kl. Bd. 104, Abt. II, April 1895. Vgl. auch die interessante Studie desselben Verfassers: Die theoretische Temperaturverteilung auf Prof. Frechs Weltkarten der altpaläozoischen Zeit, ebenda Bd. 108, Abt. II, März 1899, sowie Fr. von Kerner, Die extremischen thermischen Anomalien auf der Nordhemisphäre und ihre Bedeutung für die Frage der geologischen Polverschiebungen, Meteor. Zeitschr. 1909, Heft 10. Schließlich Taf. 1a und b Verteilung der Länder und Meere zur oberen Jurazeit sowie die Luftdruckverhältnisse während des Winters in höheren Breiten der Nordhalbkugel in: Eckardt, Das Klimaproblem.

nissen, wo die Südhalbkugel viel kälter ist als die Nordhemisphäre. Die Temperatur der Südhemisphäre war infolge der anderen Verteilung von Wasser und Land zur Jurazeit um $1^1/_2{}^0$ höher als die der Nordhemisphäre, die mittlere Temperatur der ganzen Erde um mehr als 2^0 höher als in der Gegenwart.

Wenn diesem Resultat eine direkte Verwertbarkeit für die Paläobiologie zunächst auch nicht zukommt, so bietet es doch genug Interesse als ziffernmäßiger Nachweis der thermischen Gesamteinflusses, welchen eine bestimmte Änderung eines der den Wärmezustand der Erdoberfläche in erster Linie mit bedingenden Momente bei Konstanz der übrigen ausüben würde.

Die Tertiärzeit.

Die Verteilung von Wasser und Land war während des Tertiärs noch eine sehr von der jetzigen verschiedene[1]). Nicht nur war Nordwesteuropa über die Faröer und Island, sondern auch Nordostasien mit Nordamerika durch eine Landbrücke in Verbindung, ein Zustand, der bis gegen den Schluß dieser Formation andauerte; ebenso bestand noch die von Südamerika bis Madagaskar und Indien reichende Südatlantis, die nur während des Cenomans zeitweilig in zwei Kontinente zerfallen war, im Laufe des älteren Tertiärs aber durch immer weitergehende Meerestransgressionen zerstückelt wurde. Vor allem besaß das südeuropäische oder alpine Eozänbecken eine große Ausdehnung. Es umfaßte das ganze südliche Europa mit Einschluß des südlichen Frankreichs, der Alpen und Karpathen und reichte nach Süden bis weit nach Afrika in die Sahara, Libysche Wüste und Ägypten hinein, während es sich nach Osten durch Südrußland, Kleinasien

[1]) Vgl. hierüber Koßmat, Paläogeographie (Samml. Göschen) Fig. 6.

und Persien bis nach Zentralasien und von da über Hinterindien nach Australien ausdehnte. Diese breite westöstliche Meeresverbindung zwischen Atlantischem und Stillem Ozean, die im Osten des Uralgebirges durch einen Meeresarm auch mit dem Polarmeere zusammenhing, war ein Überbleibsel desselben großen zentralen Mittelmeeres, der Tethys, das uns schon in der Juraperiode entgegentritt. Schon aus diesem Grunde müssen die klimatischen Verhältnisse jener Zeit andere gewesen sein, und so läßt sich für den größten Teil der Tertiärzeit wohl mit Gewißheit behaupten, daß in der Tat diese am längsten währende Epoche des Känozoikums im allgemeinen eine höhere Wärme aufweist als die Gegenwart.

Die tertiären Pflanzenfunde der höheren Breiten.

Die arktische Tertiärflora[1]) zeigt, daß unter Breiten von 70—80° N eine Vegetation heimisch war, die auf ein Klima hinweist, wie es sich gegenwärtig etwa in Norditalien findet. Speziell die Lignitschichten von Discoveryhafen auf Grinnell-land in 81° 44′ n. Br. erzählen uns, daß die Waldvegetation dieser hohen Breite in der Tertiärzeit bestand aus: Taxodium (distichum), Pappeln, Ulmen, Linden, Fichten, Schneeball, Haselnuß, Weide und Birke. Daneben gab es Nymphäen und Schwertlilien. Aus der geographischen Verbreitung dieser Pflanzen darf man schließen, daß die mittlere Julitemperatur

[1]) Vgl. hierüber Engler a. a. O., vor allem aber O. Heer, Flora fossilis arctica Bd. I—VIII. An vielen Orten des großen Werkes, so namentlich Bd. I, S. 53 ff. und Bd. VII, S. 226, findet sich eine kurze Zusammenstellung aller klimatologischen Resultate dieses Forschers. Auch R. Keller gibt in seiner Abhandlung „Die fossile Flora arktischer Länder" im „Kosmos", Zeitschr. f. d. ges. Entwicklungslehre, Bd. 16, im wesentlichen eine treffliche Zusammenstellung der Untersuchungen O. Heers. Ferner: O. Heer, Flora fossilis Helvetiae und Nathorst, Polarforskningens bidrag till fomtidens växtgeografi in A. E. Nordenskiöld: Studier och forskninger föranledda af mina resor i höga norden, Stockholm 1883. Wichtig ist ferner noch die in dem hochbedeutamen Werke von Brückner, Klimaschwankungen seit 1700 nebst Bemerkungen über die Klimaschwankungen der Diluvialzeit, Wien 1890 auf S. 3 ff. zitierte Literatur.

im nördlichsten Grönland damals 17—18° C war (gegenwärtig 2—3°), die Januartemperatur wohl nicht unter — 6° herabging (jetzt — 35° bis — 40°) und die Jahrestemperatur mindestens 5—6° betrug (jetzt — 18 bis — 20°). Die miozäne Flora von Spitzbergen (78° N) weist auf eine Jahrestemperatur von 11° hin, jene der Diskobucht auf Grönland (70° N) auf etwa 13°. Kurz, man muß um 20 bis 30° nach Süden gehen, um die wahrscheinlichen mittleren Temperaturverhältnisse von Grönland und Spitzbergen während der Tertiärzeit anzutreffen. Die Flora der Miozänzeit in Mitteleuropa (Önningen) weist ebenfalls auf eine höhere Temperatur, auf etwa 18° im Mittel hin.

Die höheren Temperaturverhältnisse einiger Länder niederer Breiten zur Tertiärzeit.

In Süd- und Mitteleuropa herrschte im Eozän ein Klima, welches, nach der Flora zu urteilen, ungefähr dem mexikanischen oder südostasiatischen entsprochen haben dürfte. Nach den Funden von Aix in der Provence wuchsen daselbst außer Zykadeen und Palmen, besonders Fächerpalmen mit teilweise 1,5 m langen Blattwedeln, Nipa- und Sumpfpalmen, verschiedene Pandanusarten, Bambus und Bananen, zahlreiche Nadelhölzer wie Sequojen, Zypressen, Thujen, Drachenblut, Zimt, Amber, Tulpen, Magnolien, Ailanthus, Bombax, Ebenholz und Gummibäume, daneben Nußbäume und Weinrebe, Lorbeer und Myrte. In den höheren Lagen dagegen Erlen, Birken, Buchen, Hainbuchen, Weiden, Pappeln, Ulmen, Platanen, Ahorne, Kornelkirschen, Haselnuß, Eiben und Efeu. Ferner besaß die Pyrenäenhalbinsel auch noch zur Miozänzeit klimatische Verhältnisse, wie wir sie jetzt in Marokko antreffen: nicht nur die Isothermen lagen damals mindestens um 12° nördlicher, sondern auch das ganze Windsystem, die Nordgrenze des Passatgürtels, muß gleicherweise nach Norden verschoben gewesen sein[1]). Aber nicht nur in Europa, sondern auch in weiten Teilen Nordamerikas muß ein wärmeres Klima als heute geherrscht haben. Denn aus den in Pennsylvanien, Nebraska, Colorado, Utah usw. gemachten Funden von fossilen Tieren geht mit Sicherheit hervor, daß selbst noch in der Pleistozänperiode das Klima jener Länder dem des heutigen Zentralamerika oder wenigstens dem der südlichen Vereinigten Staaten nahe gekommen sein muß. Nicht nur für das Frühtertiär, sondern auch für mehrere frühere geologische Formationen, und zwar mindestens vom Jura an, läßt sich ferner nachweisen, daß die äquatoriale Lage des zentralen Mittelmeeres durch alle diese Perioden hindurch mit bemerkenswerter Stetigkeit Faunen (vor allem Korallen) beherbergt hat, deren tropischer Charakter zweifellos ist. Aber auch in den nördlicheren Teilen dieses Meeres ist, wie z. B. in Belgien, ein Drittel, bei Paris etwa die Hälfte der eozänen Muscheln auf die warmgemäßigten und wärmeren Meere der Gegenwart beschränkt[2]).

Die günstigen Klima- und Vegetationsverhältnisse gelten aber nicht nur für die Umgebung des Nordpoles, sondern auch für die Antarktis, welche ein mit dem heutigen ganz unvergleichlich wärmeres Klima nicht nur im Mesozoikum, sondern auch in der ersten Hälfte der Tertiärzeit anscheinend besessen haben muß. Es erinnert die tertiäre Pflanzenwelt der Antarktis an die gegenwärtige Flora von Südchile einerseits und an diejenige Südbrasiliens andererseits, d. h. sie bestand aus südlich gemäßigten Formen (Nothofagus, Fagus, Caldcluvia, Drimys, Araukaria, Lomatia, Laurelia, Myrika),

[1]) A. Penck, Studien über das Klima Spaniens während der jüngeren Tertiärzeit und der Diluvialperiode, Ztschr. d. Ges. f. Erdkunde zu Berlin 1894, Bd. 29.

[2]) Vgl. Em. Kayser, Lehrbuch der Geologie, 2. Aufl., Bd. I, Stuttgart 1905.

zum Teil aus subtropischen Typen (Mikania, Laurus, Mollinedia, Alsophile, Asplenium, Täniopteris).

Da nun solche Floramischungen im Tertiär auch für weite Gegenden der Nordhalbkugel charakteristisch sind, so wird man annehmen müssen, daß auch zu jener Zeit bereits eine deutliche Gliederung der Pflanzenwelt in vertikalem Sinne bestanden hat, daß also die subtropischen Typen das Flachland bewohnten, während die gemäßigten Formen auf den höheren Lagen wuchsen.

Es existierte jedoch auch im Känozoikum nicht nur eine deutliche Pflanzengliederung in vertikalem Sinne, sondern es ist vor allem auch eine Florendifferentiierung nach der geographischen Breite vielfach erkennbar, und zwar ist diese um so deutlicher und beweiskräftiger für das Klima jener Epochen, weil die tertiären Pflanzen des hohen Nordens ebenso wie die karbonischen nicht auf einem großen Polarkontinent, sondern am Gestade des im Vergleich zu heute wohl bedeutend eingeengten „Eismeeres" wuchsen [1]).

Die Gründe gegen die Kontinuität des Abkühlungsprozesses der Erde im Tertiär.

Die Zonengliederung in der arktischen Zirkumpolarregion.

Die Abkühlung während der Tertiärzeit ist keine allgemeine. So ist z. B. in Japan seit der Miozänzeit so gut wie nichts von einer solchen zu bemerken [2]), und auch in Sachalin und Kamtschatka weist die tertiäre Flora auf ein im Vergleich zur Gegenwart nur sehr wenig wärmeres Klima hin. Es zeigt sich die Abkühlung in dem zuerst auf ihre Fossilflora erforschten Gebiete Europas und vor allem Grönlands am allerinten-

[1]) Vgl. A. Woeikof, Geologische Klimate, Peterm. Mitt. 41. Bd., Heft 11 1895.

[2]) Nathorst, Zur fossilen Flora Japans, Paläont. Abhandlungen, hrsgg. v. Frz. von Dames und Kaiser Bd. IV, Nr. 3, 1888, S. 53, 51 ff.

sivsten, beträgt sie doch für Grönland und Grinelland ziffernmäßig ausgedrückt gegen 30°. Das muß aber um so mehr auffallen, weil Japan, das Gebiet ohne Abkühlung und Grönland, das Gebiet intensivster Abkühlung, nahezu auf einem Meridiankreis liegen, in Grönland unter 70° n. Br. aber im Cenoman der Brotfruchtbaum (Artocarpus) ein echt tropisches Gewächs, gedieh. Auf jeden Fall zeigt das Arktotertiär selbst eine deutliche klimatische Sonderung in zwei Zonen, deren äußere, bis 75° N reichende eben jene Tertiärflora birgt, welche mit der schweizer miozänen Flora eine Reihe subtropischer Arten gemeinsam hat, während die innere unter 80° Br. gefundene lebhafte Anklänge an die heutige boreale Flora aufweist.

Frostspuren im Untermiozän Mitteleuropas.

Auch in relativ niederen Breiten Europas machen sich bereits im Miozän die Zeichen einer weiterschreitenden Abkühlung bemerkbar. So hat man an fossilen Blättern der Untermiozänzeit eine auf Frostwirkung zurückführende Zerschlissenheit deutlich nachweisen können. Die an Fagus attenuata wahrnehmbaren Durchlöcherungen und die durch ihr eigentümliches Aussehen auffallenden Stellen der Blattspreite sind zweifellos auf die Einwirkung von Frösten unter gleichzeitiger Mitwirkung des Windes entstanden[1]). So kamen denn bereits zur Untermiozänzeit in Mitteleuropa, und zwar in der Gegend des Zschipkauer und Senftenberger Braunkohlenreviers, Fröste während der Vegetationszeit vor. Trotzdem gediehen zu dieser Zeit in Gesellschaft tropophyter

[1]) Beiträge zur Kenntnis der Braunkohlenflora von Zschipkau und Senftenberg, Ztschr. f. Naturwissenschaft Bd. 69, Leipzig, C. E. M. Pfeffer 1896. Vgl. auch: Die meteorologischen Ursachen der Schlitzblättrigkeit bei der Roßkastanie, „Prometheus" 1903, Jg. 16, Nr. 796 und Mitteilungen d. Thür. Botan. Vereins 1905: Artikel von Fr. Thomas sowie die Abbildungen von Frostspuren an Blättern einer miozänen Fagus-Art in: W. R. Eckardt, Klimaproblem, S. 58/59.

Gehölze auch noch Palmen in unserem Klima, wie das häufige Vorkommen von Palmenstämmen in der miozänen Braunkohle des Königreichs Sachsen, in Thüringen sowie bei Bonn beweist, während andererseits freilich miozäne Korallenriffe nicht nördlicher als von Malta, Kleinasien und Java bekannt sind.

Die Ursachen der höheren Wärme im Norden zur Tertiärzeit.

Der Unterschied zwischen einst und jetzt ist namentlich in Grinelland ein so gewaltiger, daß wir den Abstand der Temperatur mit mehr als 25° durchaus nicht als überschätzt betrachten dürfen. Eine solche Erscheinung ist absolut unbegreiflich, wenn wir eine gleichbleibende Lage der betreffenden Orte gegen den Pol annehmen; wir können uns keine Änderung in der Verteilung von Wasser und Land in den Meeresströmungen oder in irgendeinem der anderen hier in Betracht kommenden Faktoren vorstellen, welche in einer verhältnismäßig so wenig von der Jetztzeit entfernten Periode das Gedeihen eines üppigen Pflanzenwuchses in Grinelland hätte hervorbringen können. Denn wenn wir auch berücksichtigen müssen, daß Europa damals noch weit mehr als heute von Binnenmeeren und Meeresstraßen durchzogen war, sein Klima demnach ein mehr insulares, im Durchschnitt etwas milderes gewesen sein muß, mit kühleren Sommern und wärmeren Wintern als heute, und soviel Bedeutung wir auch solchen Einflüssen zugestehen mögen, jedenfalls reichen dieselben nicht aus, um die Gesamtheit des Unterschiedes zwischen der eozänen und der heutigen Flora zu erklären. Wir müssen unbedingt annehmen, daß noch andere, tiefer liegende Ursachen mitgewirkt haben. In der Tat vermögen klimatische Gründe, welche allein durch die Konfiguration der Länder und Meere hervorgerufen gewesen sein sollen, diese eigentümlichen zirkumpolaren pflanzengeographischen Vorkommnisse nicht zu erklären. Konnten doch bei der Verteilung von Wasser und Land im eozänen Europa die durch die Gesetze der allgemeinen Luftzirkulation an der Erdoberfläche bedingten damaligen Wind- und Meeresströmungen ohne weiteres überhaupt nicht bis in das Polarmeer gelangen, wenn die Konfiguration des letzteren zur Aufnahme warmer, aus niederen Breiten kommenden Meeresströmungen auch noch so geeignet war, selbst in Anbetracht der Tatsache, daß auf Grund exakter Berechnungen die Temperatur an der tertiären europäischen Küste im Sommer 24,2°, im Winter 21°, im Mittel 22,7° betrug, so daß also die heutige Meerestemperatur der Straße von Florida nahezu erreicht wurde[1]). Jedenfalls aber sprechen die Vegetationsverhältnisse der höheren Breiten der Nordhemisphäre durchaus dafür, daß auch in der Tertiärzeit „bei einer der jetzigen analogen, zu den tiefsten Isothermenringen sehr exzentrischen Lage des Nordpols ein die Abkühlung sehr vermindernder Faktor wirksam war (v. Kerner)."

Die diluviale Eiszeit.

Nach J. Walther ändert sich bei einer Zu- oder Abnahme der Sonnenwärme der Kreislauf des Wassers auf unserer Erde in der humiden und pluvialen Zone nur wenig, dagegen um so mehr in der nivalen und ariden Region. Es braucht wohl kaum näher darauf hingewiesen zu werden, daß die wenigen Vertreter der Ansicht, die Eiszeit sei durch eine erhöhte Sonnenwärme hervorgerufen worden, nicht recht behielten. Vielmehr ist es außer allem Zweifel, daß die

[1]) Vgl. M. Semper, Das paläothermale Problem, speziell die klimatischen Verhältnisse des Eozäns in Europa und im Polargebiete, Zeitschr. d. deutsch. Geol. Ges. 1896 und 1900. Vgl. auch Tafel II in W. R. Eckardt, Das Klimaproblem sowie Figur 6 in Koßmat, Paläogeographie (Sammlung Göschen).

Eiszeit durch eine Temperaturerniedrigung hervorgerufen wurde. Und zwar setzt eine Verminderung der Sonnenwärme — oder wie wir vielleicht besser sagen, der Lufttemperatur — die Verdunstung herab. Der absolute Wasserdampfgehalt in der Atmosphäre wird geringer, so daß die Niederschläge an Ergiebigkeit abnehmen müssen. Gleichzeitig müssen infolge der niedrigeren Temperatur die Gletscher und Binneneisdecken wachsen und trotz geringerer Nachschübe infolge verminderten Niederschlagsreichtums sich fortgesetzt vergrößern. Eine ähnliche Wirkung zeigt sich gleichzeitig an dem Wasserreichtum der Wüstenflüsse und der abflußlosen Seen: ihr Spiegel steigt und ihre Wassermenge nimmt zu, ohne daß vermehrte Niederschläge fallen, und zwar nur deshalb, weil Regenwasser und Schnee weniger stark verdunsten. So ist für die Herabdrückung der Schneegrenze zur Eiszeit in erster Linie oder gar ausschließlich die damals an der Erdoberfläche stattgefundene Temperaturpression verantwortlich zu machen. Wäre dagegen die Feuchtigkeit für die Senkung der Schneegrenze der maßgebende Faktor gewesen, so hätte z. B. die wärmere und feuchtere Ostseite der Kordillere im südlichen Südamerika zur Eiszeit stärker verschneit und vergletschert gewesen sein müssen als die kühleren Westabhänge, was aber nicht der Fall war.

Ein sehr wertvolles spezielleres Ergebnis für unsere Frage haben neuerdings auch die Untersuchungen von V. Paschinger gezeitigt, nach denen im extremen Klima die Temperatur für die Lage der Schneegrenze maßgebender ist als im ozeanisch gemäßigten, indem nur in Gebieten mit sehr reichem Schneefall die Wirkung der Temperatur zurücktritt, während doch auf der Erde sowohl in der Breiten- wie Längenrichtung der Einfluß der Wärme auf die Höhe der Schneegrenze im allgemeinen größer ist als der der Niederschlagsmenge. Nur dort also, wo heute die Schneegrenze schon tief liegt, und wo zur Eiszeit durch ihre Herabdrückung große Flächen Landes in das nivale Klima rückten, kam es zu ausgedehnten Vergletscherungen, während dort, wo sie hoch liegt, also in den warmen oder trocknen Gebieten, durch ihre Herabdrückung nur kleine isolierte Erhebungen in ihren Bereich eingezogen, und so nur kleine Gletscher gebildet wurden. Daher ist heute, und so war es auch zur diluvialen Eiszeit, die zwischen 70° und 80° n. Br. in der Umgebung des Atlantischen Ozeans das für die Gletscherentwicklung prädisponierte Gebiet der Erde. Was die Luftdruckverteilung über weiteren Erdgebieten zur Diluvialzeit anlangt, so muß über dem nordeuropäischen sowie über dem nordamerikanischen Eise, analog den heutigen Verhältnissen über Grönland und der Antarktis, ein Gebiet hohen Luftdrucks gelegen haben, dem an der Erdoberfläche kontinentale östliche Winde entströmten. Gleichzeitig muß das heute bei Island gelegene Tiefdruckgebiet zur Eiszeit südlicher gelegen haben, da ja der Golfstrom damals infolge des isländischen Barrenverschlusses nicht in das Eismeer gelangen konnte, sondern weiter südlich umzuschwenken genötigt war, während der nördlichste Teil des Atlantischen Ozeans durch Treibeis und Schmelzwasserströme stark abgekühlt werden mußte.

Infolge der über den nordischen Binneneismassen lagernden Antizyklonen mußten nun sowohl die nordamerikanischen wie auch die europäischen Zyklonen südlichere Bahnen einschlagen als in der Gegenwart. Diese führten in der Alten Welt in der Hauptsache über das Mittelmeergebiet hinweg bis hinauf nach Westsibirien, ersterem ein Klima gebend, ähnlich, wie wir es heute in Patagonien finden, letzterem im Winter Erwärmung und stärkere Niederschläge bringend. Die auf dem warmen südlicheren Teil des Nordatlantischen Ozeans entstandenen Zyklonen dürften bei den großen thermischen Gegensätzen, die zwischen diesem Meeresteil und den umgebenden stark abgekühlten Festlandmassen bestanden, demnach wohl kräftig genug entwickelt gewesen sein, um sich den Durchgang zwischen der subtopischen Pleiobarre, dem Azorenmaximum, einerseits und der nordischen Antizyklone andererseits zu erzwingen. So konnten die nördlichen Tiefdruckwirbel tiefer in den Bereich des Passatwindsystems eingreifen und mußten somit dessen räumliche Ausbildung mindestens über einem größeren Teil der Erdoberfläche bis zu einem gewissen Grade abschwächen bzw. den subtropischen Hochdruckgürtel selbst äquatorwärts zurückdrängen.

In der Tat ist denn auch nach A. Penck im Sudan eine Polwärtswanderung der äquatorialen Trockengrenze seit dem Ausklingen der Eis- oder Pluvialzeit festzustellen, ebenso in Süd- wie in Nordamerika und wohl auch in Südafrika, und zwar hat es den Anschein, als ob die äquatoriale Trockengrenze einst etwa ebensoweit äquatorwärts gelegen habe, wie die polare Trockengrenze im Norden zur Eiszeit. So war demnach zur Eiszeit das humide Tropengebiet auf der Erde eingeengt, in dem die beiderseitigen ariden Zonen der Passate äquatorwärts gerückt waren. Dieser geringe Abstand der beiden Passatzonen voneinander kann aber nur auf eine verminderte Wärmeentwicklung an der Erdoberfläche zurückgeführt werden.

Es erhebt sich nun die Frage, ob die eiszeitlichen Erscheinungen auf der Erde vollkommen oder doch in der Hauptsache gleichzeitig waren oder nicht. Denn es ist, wie E. Dacqué in seinem Buch: „Grundlagen und Methoden der Paläogeographie" (Jena 1915) sagt, von größtem Interesse, sich klar darüber zu werden, ob hinter dem äußeren Schein unbedingter Gleichzeitigkeit der Glazialbedeckung auf der Nord- und Südhemisphäre auch wirklich eine bipolar wirkende Ursache steckte, oder ob das Glazialphänomen auf der einen Hemisphäre die Folge des auf der anderen war; mit anderen

Worten: ob die „Eiszeit" auf beiden Hemisphären primär entstand und in diesem Sinne gleichzeitig war.

Bereits in meinem Buche „Das Klimaproblem der geologischen Vergangenheit und historischen Gegenwart" habe ich gesagt, daß der Satz des alten Varenius: „Wenn ein Teil des Ozeans sich bewegt, so bewegt sich der ganze Ozean", auch für das Luftmeer gilt. Es läßt sich daher voraussetzen, daß bestimmte klimatisch-meteorologische Eigentümlichkeiten der eisfreien und der vereisten Länder nicht gleichmäßig Folgen einer Ursache sind, sondern sich zueinander wie Ursache und Wirkung verhalten.

Von besonderer Bedeutung für die Frage der Gleichzeitigkeit der hauptsächlichsten diluvialen Erscheinungen ist die Tatsache, daß zur Eiszeit die Umrisse der Festländer und Meere im großen und ganzen bereits festgelegt waren. Dieser Umstand ist aber deswegen sehr hoch anzuschlagen, weil die mittlere Temperatur der ganzen Erde im Laufe des Jahres nicht konstant bleibt, wie das theoretisch nach den Bestrahlungsverhältnissen doch der Fall sein sollte, sondern vom Januar zum Juli steigt; daß also die Wärmeverhältnisse der Nordhalbkugel, deren Sommer den Sommer der Erde bedeutet, für die mittlere Temperatur den Ausschlag geben. Die hohe Julitemperatur der Nordhalbkugel, die mit der milderen Wintertemperatur der Südhalbkugel zusammenfällt, hat einen solchen Einfluß, daß die Temperatur der ganzen Erde vom Januar zum Juli um 4° steigt, während die niedere Sommertemperatur der Südhalbkugel mit der tiefen Januartemperatur der Nordhalbkugel zusammenfällt. Bedenken wir also, daß zur Eiszeit infolge der Eis- und Schneebedeckung sich weite Gebiete der Nordhalbkugel im Sommer nicht so intensiv erwärmen konnten wie heutzutage, so ist für den Klimatologen die Annahme ohne weiteres berechtigt, daß das Klima der Südhalbkugel noch etwas ausgeprägteren ozeanischen Charakter gegenüber dem heutigen gehabt haben dürfte, selbst wenn der thermische Äquator zur Eiszeit wahrscheinlich etwas südlicher als heute lag.

Vor allem mußte nun das Abschmelzen der gewaltigen nordhemisphärischen Eismassen zur Eiszeit selbst, wie auch noch nach ihrem Höhepunkt, seine Wirkung auch auf die übrigen Zonen des Erdballs durch Abkühlung der Wasser- und Luftmassen erstrecken. Somit hätte sich aber aus leicht einzusehenden Gründen die Pluvialzeit der niedrigen Breiten, trotz ihrer ursprünglichen Gleichzeitigkeit mit dem Hauptphänomen der Eiszeit selbst, sehr wohl auch bis in eine der Gegenwart näherliegende Zeit erstrecken können. Einen in den Tropen und Subtropen gleichzeitig und allgemein auftretenden feuchteren diluvialen Zeitraum hat es indessen aller Wahrscheinlichkeit nach nicht gegeben. Wie nun die Dinge in dieser Hinsicht auch liegen mögen, so wäre die Abkühlung des irdischen Klimas zur Eiszeit jedenfalls nicht nur die Ursache der Gletscherentwicklung, sondern natürlich z. T. auch deren Folge gewesen.

Eine Verengerung des humiden Tropengebietes kann zwar nur auf eine verminderte Wärmeentwicklung an der Erdoberfläche zurückgeführt werden, doch braucht eine weitere Folge nicht die gewesen zu sein, daß mit dieser Milderung des thermischen Gradienten auch eine Abschwächung des bari'chen im Passatwindsystem, bzw. im humiden Tropengürtel elbst, zur Eiszeit Hand in Hand ging. Denn ein Ha:.ptergebnis der Brücknerschen Untersuchungen über die Klimaschwankungen, daß jede Periode, in der sich die Luftdruckgegensätze zwischen dem Ozean und Festland verringern, ein feuchter Zeitraum sei, gilt nur für die Länder höherer Breiten, insofern hier die auf den Ozeanen entspringenden dynamischen Zyklonen über die Festländer ziehen, diesen Feuchtigkeit zuführen und die Luftdruckgegensätze über dem Wasser und Lande mehr oder weniger ausgleichen. Für die Länder niederer Breiten mit ihren Monsunklimaten gilt dieser Satz jedoch nicht. Im Gegenteil! Was die Regenperiode dieser Länder anlangt, so finden wir hier gerade das Umgekehrte, wenn wir z. B. das seine Feuchtigkeit im wesentlichen vom Indischen Ozean empfangende Monsungebiet Asien-Afrika ins Auge fassen. Denn je stärker der passatische Hochdruckgürtel über dem Indischen Ozean entwickelt ist, um so ergiebiger treten die Monsunregen in Indien und im tropischen Nordostafrika auf, und was den Sommer der Südhalbkugel anlangt, so empfängt Südafrika ebenfalls um so ergiebigere Regenfälle, je stärker der passatische Hochdruckgürtel über dem südlichen Indischen Ozean entwickelt ist, bzw. eine je weiter nördliche, also dem Kalmengürtel genäherte Lage er über diesem warmen Meere einnimmt.

Wenn wir nun bedenken, daß zur Eiszeit infolge der starken Abkühlung der subpolaren Meeresteile die Zyklonentätigkeit auf beiden Halbkugeln sich bis in niedrigere Breiten erstreckte als in der Gegenwart, und die passatischen Hochdruckgürtel dadurch weiter äquatorwärts gedrängt wurden, so kann dieser Umstand keine Minderung des barischen Gradienten für die Tropenzone und der an ihrem Rand gelegenen Monsunländer bedeutet haben. Im Gegenteil! Wenn nach unserer Auffassung die Sonne zur Eiszeit mit unverminderter Energie die Tropenzone erwärmte, so konnte hier lediglich dadurch eine Steigerung der Niederschläge eintreten, daß der Tiefdruck der Tropenzone infolge der äquatorwärts gerichteten Verlagerung der passatischen Hochdruckgebiete verhältnismäßig mehr verstärkt wurde. Unter solchen Umständen mußte der humide Tropengürtel zur Eiszeit feuchter werden und die von der Sonne in gleicher Weise empfangene Erwärmung konnte und mußte eben lediglich dadurch eine gewisse Abschwächung erfahren, daß die atmosphärische Feuchtigkeit, die ihren sichtbarsten Ausdruck in der größeren Bewölkung findet, eine bedeutendere war.

Im übrigen machte sich nach A. Penck die Klimaänderung der Eiszeit auf der Erde jeweils in der Nähe der Klimagrenzen geltend: an der polaren Trockengrenze durch pluviales Klima, an der äquatorialen durch arides. Wüstenhafte Länder wie heute, mit keinen oder sehr unregelmäßigen Niederschlägen, hat es auch zur Eiszeit auf der Erde gegeben, wie die Verhältnisse in der Libyschen Wüste und dem größten Teil der Sahara sowie in Innerasien zeigen. Nur dort, wo heute die Schneegrenze schon tief liegt, und wo durch ihre Herabdrückung große Flächen Landes in das nivale Klima rückten, kam es zu ausgedehnten Vergletscherungen, während dort, wo sie hoch liegt, also in den warmen oder trockenen Gebieten, durch ihre Herabdrückung im allgemeinen nur kleine isolierte Erhebungen in ihren Bereich einbezogen wurden.

Im allgemeinen dürften die Temperaturen zur Eiszeit auf der Erde, nach der tieferen Lage der Schneegrenze zu urteilen, 3—4° niedriger gewesen sein als heute. Trotz der gewaltigen Gletschermassen konnte im mittleren und nördlichen Europa das Hauptcharakteristikum des Klimas nur sein: Niederschlagsarmut und kräftige Insolation im Sommer; starke Sonnenstrahlung, abwechselnd mit stärkerer Himmelsbedeckung und zeitweiligen Schneefällen im Winter. Die Niederschlagsmenge der diluvialen Lößsteppen Mitteleuropas schätzte Lepsius sehr richtig analog den Verhältnissen der südrussischen Steppen auf 30—40 cm. Daß das Klima während der Eiszeit kein gemäßigt ozeanisches war, sondern ein streng kontinentales gewesen sein muß, geht vor allem daraus hervor, daß sich die Buche, „das ausgezeichnetste Kennzeichen des ozeanischen Klimas“, erst in der postglazialen, jungdiluvialen, prähistorischen Zeit in Westeuropa ausgebreitet hat, während vorher ein Steppen- und Tundrenklima von kontinentalem Typus vorhanden war.

„Wenn die Alpen zur Eiszeit auf dem europäischen Kontinent höher lagen als jetzt," bemerkt Lepsius, „so befanden sich sehr viel größere Flächen des Gebirges über der damaligen Schneegrenze, und es waren die Temperaturen über denselben großen Gebirgsflächen sehr viel niedriger als heutzutage. Solche Ursachen haben die große Ausdehnung der alpinen Gletscher zur Haupteiszeit bewirkt." Daß die Alpen zur Eiszeit höher lagen, ist sicher. Allein unumgänglich nötig für die ehedem größere Vergletscherung dieses Gebirges ist dieser Umstand ebensowenig wie der, daß im Diluvium im Alpengebiet mehr Niederschlag fiel als heutzutage. Es genügt vielmehr vollkommen, für die eiszeitliche Vergletscherung eine Temperaturdepression anzunehmen, wie sie in der Tat bestanden hat. Haben doch A. Penck und E. Brückner gezeigt, daß die von Rückzugsperioden unterbrochene Verlängerung der Alpengletscher nicht durch eine Erhöhung der Schneefälle erklärt werden kann, denn die Firnfelder der Alpen waren nicht voller wie heute. Die größere Länge der alpinen Gletscher kann daher nicht durch erhöhte Niederschläge bedingt gewesen sein. Jedenfalls kühlte die mächtige Schnee- und Gletscherentwicklung des Nordens die Luft auch über dem Alpengebiete stark ab, so daß verhältnismäßig mehr Niederschlag in fester Form fiel. Trotz absolut geringerer Niederschlagsmenge mußten daher die alpinen Gletscher zunehmen.

Nicht durchweg zeigte sich indessen zur Eiszeit in allen Ländern der Erde eine Abkühlung, wie z. B. im nördlichen Asien. Sonst besaß das Klima der Diluvialzeit namentlich in den von den Wirkungen der Vereisungen unmittelbar betroffenen Gegenden eine bedeutende Kontinentalität, die durch die allgemeinen Verstärkungen der Frostwirkungen bewiesen wird, die in den diluvialen Blockbildungen namentlich der periglazialen Fazies der Mittelgebirge zum Ausdruck kommen. Diese konnten nur durch eine bedeutend vermehrte Häufigkeit der Temperaturschwankungen um den Nullpunkt hervorgerufen werden, und zwar kommt es bei der Entstehung von Blockbildungen durch gesteigerte Frostwirkungen in erster Linie nicht auf die absolute Temperaturerniedrigung an, sondern auf einen häufigen Wechsel von Auftauen und Wiedergefrieren des Wassers. Ein solches aber war nach W. von Lozinski[1]) nur unter der Bedingung möglich, daß im Diluvium die Ausstrahlung der Wärme von der Erdoberfläche erhöht wurde. Wir müssen daher, wie ja auch aus naheliegenden Gründen der Luftdruckverteilung gefolgert werden muß, annehmen, daß die Diathermansie der Atmosphäre zur Eiszeit im allgemeinen größer war als heute. Müssen wir doch mit Walther auch aus der großen Verbreitung der Deflationsprodukte von Dünensand und Löß schließen, daß nur ein Teil von Schnee und Eis sich in Schmelzwasser verwandelte, während ein anderer beträchtlicher Teil direkt in die Atmosphäre verdampfte, da Dünensand und Löß auf einem überall von Schmelzwasser bedeckten Gelände nicht gebildet werden konnten.

Da das Ausgangsgebiet des nordeuropäischen Diluvialeises in ungefähr derselben Breite lag wie das heutige Grönland, so können wir wohl auch die klimatischen Verhältnisse des letzteren für die quartären Skandinaviens einsetzen, doch ist uns das grönländische Klima auch heute noch zahlenmäßig sehr unbekannt. Wie die Ernährung des von einer gewaltigen Antizyklone bedeckten Binneneises durch Schneefälle möglich war, haben wir an anderer Stelle (vgl. S. 85) gezeigt. Die dort gegebene Erklärung für die Ernährung hochliegender

---

[1]) Die periglaziale Fazies der mechanischen Verwitterung. Naturw. Wochenschr. 1911, Nr. 14.

Eismassen hindert aber nicht, auch an die Möglichkeit zu denken, die Lamansky näher erörtert hat[1]), daß nämlich eine außerordentliche Entwicklung der Gletscher und der Inlandeisdecken von selbst eine Luftdruckverteilung schafft, die den Rückgang und Vernichtung herbeiführen. Dieser letztere Prozeß ist das Ergebnis der Abnahme der Niederschläge und eines allgemeinen Trocknerwerdens des Klimas, und zwar dergestalt, daß bei der Abnahme und dem Verschwinden der Inlandeismassen nicht die Wärme die Hauptrolle gespielt hat, sondern die Verminderung des schneeigen Niederschlags unter dem Einfluß der Entwicklung eines Wettertypus, entgegengesetzt dem, bei welchem die Anhäufungen des Schnees und die Bildung der Gletscher vor sich gegangen waren. Für manche Gegenden wird dies sicher durchaus zutreffen, und zwar für solche, die mit ihren Schnee- und Eismassen nicht bis in die Region der vorherrschenden Westwinde hinaufragen. Für große, Gletscher tragende Erhebungen bedarf dagegen die Ansicht Lamanskys einer Modifizierung. Auf solchen müssen indessen die Gletschermassen ihre Unterlage allmählich durch Abtragung erniedrigen und so unter die Zone der regelmäßigen Niederschläge bringen, wie es in den anorogenetischen Phasen der Erdgeschichte zweifellos der Fall ist.

Das Steppenklima Mitteleuropas zur Eiszeit.

Nach den im mitteldeutschen Löß gemachten Funden hat Nehring[2]) eine typische Steppenfauna beschrieben, aus der hier nur einige Formen genannt seien: Saiga-Antilope, Wildpferd, Wildesel, dann zahlreiche Steppennagetiere, wie Steppenmurmeltier, Stachelschwein, Pferdespringer, Pfeif-

[1]) Zeitschr. f. Gletscherkunde 1914, Bd. 8, Heft 3.

[2]) Über den Charakter der Quartärfauna von Thiede bei Braunschweig, Neues Jahrb. f. Mineralogie 1889, S. 66 ff. Vgl. auch Nehring, Über Tundra und Steppen, Berlin 1890.

hase, mehrere Arten von Hamstern, Zieseln und Feldmäusen. Es sind das lauter Formen, die teils zu den entschiedensten Steppenbewohnern gehören, teils wenigstens den Wald meiden. Die petrographische Beschaffenheit und ebenso der faunistische Inhalt zwingen also übereinstimmend dazu, den Löß als Steppenbildung aufzufassen, was er zweifellos sein muß. Daß sich diese Steppe jedoch nicht ununterbrochen erstreckte, lehren andererseits Knochen des Mammut und des wollhaarigen Nashorn, welche zum Teil auch als Waldtiere gelebt haben dürften. Zweifellos waren auch damals wie jetzt die Ufer und Niederungen der die Steppe durchschneidenden Flüsse und ebenso die aus der Steppe sich erhebenden Mittelgebirge zum Teil mit Baumwuchs versehen, der jene großen Dickhäuter ebenfalls nährte. Sehr wohl läßt sich auch die Steppenperiode zeitlich selbst mit der maximalen Vergletscherung parallelisieren. Wenn auch in der Gegenwart Steppen und Gletscher einander so gut wie unter allen Umständen auszuschließen scheinen, insofern als eben Steppen heute nur in streng kontinentalen Gebieten mit heißen Sommern bei gleichzeitiger relativer Regenarmut auftreten, so brauchte dasselbe nicht im Diluvium Mitteleuropas der Fall gewesen zu sein. Letzteres Land mußte auch zur Zeit der maximalen Vergletscherung zu einem großen Teile ein Steppenklima mit heißen Sommern und relativ geringen Niederschlägen besonders zu dieser Jahreszeit besessen haben, insofern als damals aus der großen nördlichen Antizyklone heraus fast beständig östliche bis nordöstliche Winde wehten, die ihre Herrschaft auch über dem eisfreien Vorland ausübten[1]). Auch der Löß entstand in der Hauptsache während des Maximums der Eiszeit zur Zeit eines trocknen, waldarmen Klimas durch intensiven Gesteinszerfall; er ist durch Winde, Regen und Schneewässer transportiert und abge-

[1]) Siehe Tafel III in W. R. Eckardt, Das Klimaproblem

lagert worden. In der Postglazialzeit fand keine wesentliche Bildung von Löß mehr statt. Jungglazialer Löß ist vielmehr wohl durch lokale Umlagerung älteren Lößes entstanden[1]).

Genau wie nun heute bei einer über das Mittelmeer hinziehenden Depression, welche ihre Randgebilde über das Alpengebiet nördlich hinaussendet, während über Skandinavien eine Antizyklone lagert, das nördliche Deutschland keine oder nur geringe Niederschläge empfängt, in Südfrankreich und Süddeutschland dagegen bei dieser Wetterlage oft sehr starke Niederschläge fallen, so war das auch in der Eiszeit der Fall. Unter solchen Umständen konnte sich daher sehr wohl der Löß am Südrand des nördlichen Binneneises ablagern.

Überblicken wir die eiszeitlichen Fossilien, so ist es kein Wunder, wenn wir zwischen dem Alpengebirge und dem Binneneise die Vertreter der verschiedensten Klimate zusammengedrängt finden: solche eines nordischen Klimas und andererseits solche eines borealen Waldklimas ungefähr gleich dem heutigen und endlich solche eines Steppenklimas. Die beiden genannten Klimatypen sind aber Extreme, zwischen welche sich die verschiedenen anderen als Übergänge einordnen. Auf so engem Raum zusammengedrängt, mußten ihre Kontraste um so heftiger aufeinandertreffen, und gerade dieser Umstand dürfte das Charakteristikum des eiszeitlichen Klimas Europas wie auch Nordamerikas gewesen sein, wenn wir auch die Interglazialzeiten in Rücksicht ziehen, die etwa der Gegenwart entsprechen und z. T. noch etwas wärmer waren.

Die Wirkungen des eiszeitlichen Klimas auf die Organismen.

Die fossilen Floren der höheren nordischen Breiten haben gezeigt, daß bis kurz vor Eintritt der Eiszeit von Spitzbergen und Island bis Grönland und Kamtschatka ein dem unsrigen

[1]) Vgl. hierüber Werth, Das Eiszeitalter (Sammlung Göschen).

in vieler Beziehung ähnliches Klima geherrscht und Wälder erzeugt hat, deren Arten denen Nordamerikas ähnlich waren. Als die Eiszeit zunächst die Polarländer vergletscherte, sind sie langsam nach Süden gedrängt worden, wo sie das ihnen zusagende gemäßigte Klima noch fanden. Diese Verdrängung wird nun nach allen Richtungen der Windrose erfolgt sein, und daher ist es zu erklären, daß dieselben Arten kurz vor dem Vordringen der Eiszeit bis in unsere Breiten in den verschiedenen Weltteilen angetroffen wurden. Beim Zurückkehren der Wärme blieb ein Teil der kälteliebenden arktischen Pflanzen auf den Gebirgen zurück, woher sich die Ähnlichkeit der Gebirgsfloren der nördlichen Halbkugel sowohl untereinander als mit derjenigen der arktischen Zone erklärt.

Eine entsprechende Gleichartigkeit werden auch die Wälder jener Übergangszeit besessen haben, allein die darauf folgende Vergletscherung des größeren Teiles von Europa hat viele Arten bei uns vernichtet, die im südlichen Teil Nordamerikas eine Zuflucht fanden, bis wohin die Eismassen nicht vorwärts drangen. Bis zum Mittelmeer oder gegen die vergletscherten Gebirge Südeuropas gedrängt, mögen damals u. a. die Wallnußbäume, Riesenzedern, Sumpfzypressen, Storaxbäume, Liriodendron, Catalpa und Sassafras, welche in Nordamerika am Leben blieben, bei uns vernichtet worden sein. Ein Entweichen nach Osten war durch die Verbindung des Kaspischen Meeres mit dem Mittelmeere verhindert, ein Zurückweichen und ein Wiederkehren, wie in Nordamerika, war weder im Süden noch im Osten Europas möglich. Ein gleiches Schicksal ereilte die reichhaltige tertiäre Säugetierwelt Europas zur Diluvialzeit: sie starb bis auf wenige Reste aus, die sich vor allem in der afrikanischen Großtierwelt erhalten haben.

Die Lage der Schnee- und Baumgrenze während des Maximums der Vereisung war in Mitteleuropa etwa folgende:

	Westalpen	Ostalpen	Schwarzwald	Sudeten, Erzgebirge, Riesengebirge
Schneegrenze	1100—1200	1200—1400	700—1000	500—800
Baumgrenze	400—500	500—600	500—700	200—500

Der Baumwuchs als Waldformation war in der Hauptsache auf die Flußtäler, die niedrigeren Teile der Süd- und Westhänge der Gebirge sowie auf die tiefgelegenen Ebenen des südlichen Mitteleuropa beschränkt: auf das Nordende der oberrheinischen Tiefebene, auf die Niederungen des böhmischen Kessellandes und Mährens. Ursache waren hiervon die austrocknenden östlichen Winde, die aus der über dem Eise lagernden Antizyklone herauswehten und oft austrocknende Wirkung besonders in Gestalt von Föhncharakter besessen haben dürften.

Trotz der zweifellos großen Ähnlichkeit des diluvialen mitteleuropäischen Klimas mit dem heutigen grönländischen ist es sicher, daß die Wärmesumme des Sommers damals um mehrere Grade höher war als in den heutigen Gletschergebieten des Nordens, auch wenn Europa eine höhere Breitenlage im Diluvium damals gehabt haben sollte. Denn auf alle Fälle konnte die Sonne stärker einstrahlen, weil die Wolkenbildung geringer war. Wenn aber einige Botaniker auf die Beimengung gemäßigter Wasserpflanzen in die Dryasschichten großes Gewicht für die Annahme eines wärmeren, nichtarktischen Klimas legen, so darf man dieser Annahme, wie A. Jacobi[1]) mit Recht bemerkt, keine weitere Bedeutung beimessen. „Denn Wesenberg-Lund hat nachgewiesen,

[1]) Das Naturbild Norddeutschlands zur ausgehenden Eiszeit. Ztschr. f. Ethnologie, 51. Jahrg., 1919, S. 205 ff., Berlin 1919. Vgl. auch P. Stark, Die Flora der Eiszeit u. ihre Spuren i. d. Gegenwart, „Die Naturwissenschaften" 1917, H. 13.

daß die mittlere Monatswärme in der Uferzone von Binnenseen im Sommer höher ist als die der Luft. Also konnten Landpflanzen von geringerem und Wasserpflanzen von höherem Wärmebedürfnis in engster Nachbarschaft ihre Lebensbedingungen finden (A. Jacobi)." In den Zeiten übrigens, wo der Rand des Binneneises über ein großes Festland verlief, kann nach W. Köppen[1]) polwärts der Zone der Westwinde auf der einen oder anderen Halbkugel ein zweiter unvollkommener Passatgürtel mit wirklichem Trockenklima vorhanden gewesen sein.

Die Interglazialzeiten.

Mit dem diluvialen Eiszeitproblem ist das der Interglazialzeiten untrennbar verbunden. Bei diesen könnte es sich auf den ersten Blick vielleicht um Vorzüge handeln, die in dem noch um die Wende des Tertiärs fast allgemein auf der Erde stattfindenden Gebirgsbildungsprozeß, d. h. in der mit diesem verbundenen Hebung, bzw. in der durch verschiedene Umstände bedingten, zeitweise stattfindenden Erniedrigung der Gebirge begründet sind. Die von den Hauptvereisungszentren mehr oder weniger stark ausgehenden Wirkungen, die längere Zeiträume hindurch andauerten, hätten sich dann auch in den übrigen Ländern der Erde mehr oder weniger geltend machen müssen. Auch wenn sich die verschiedenen Interglazialzeiten mancher Ländergebiete nicht miteinander parallelisieren lassen, da vielfach die Zahl der Vereisungen in den einzelnen Ländern wechselt, so spricht dieser Umstand zwar deswegen an sich noch nicht gegen die Ansicht bezüglich der hier erwähnten etwaigen geologischen Vorgänge, weil eben der Klimatypus, vor allem das Nieder-

[1]) Das System in den Bodenbewegungen und Klimawechseln des Quartärs im Ostseebecken. Ztschr. d. Ges f. Gletscherkunde, Bd. 12, 1922, S. 104.

schlagsregime der verschiedene Interglazialspuren tragenden Länder z. T. doch ein gegen heute verschiedenes war. Denn wenn in einer Gegend sich das Klima änderte, oder die Vereisungen stille standen, dann brauchte dasselbe nicht auch in einem weltenfernen Gebiete der Fall zu sein. Ja, dort hätte unter Umständen sogar das Gegenteil vielleicht eintreten können, indem tektonisch-geologische Vorgänge an Ort und Stelle selbst einfach die von fern her stattfindende Klimawirkung hätten paralysieren können.

So wahrscheinlich, ja so gewiß nun auch innerhalb des Diluviums Hebungen und Senkungen stattgefunden haben, so kann doch der im großen und ganzen unverkennbar sich geltend machende Parallelismus der glazialen und interglazialen Erscheinungen auf der Erde durch sie allein niemals genügend erklärt werden, sondern es muß dafür eine und vor allem gleichmäßiger wirkende universellere Ursache in Anspruch genommen werden (vgl. unten S. 114).

Wir müssen uns aber dennoch gerade auch in der Paläoklimatologie an die Anschauung gewöhnen, daß in der Natur die Erscheinungen in der Regel nicht aus einer einfachen, sondern aus ineinander verwobenen Ursachenreihen bestehen, und daß darum zumeist nicht die einfache, sondern die komplizierte Erklärung der Erscheinungen die richtige ist, wenn es auch von vornherein klar ist, daß jede Erscheinung auch ihre Hauptursache haben muß.

„Wer die Eiszeiten rein meteorologisch erklärt," bemerkt Dacqué treffend, „derart, daß etwa infolge gewisser geographischer Zustände die Luftdruckmaxima und Minima so verteilt waren, daß dadurch Niederschlags- und Wärmeverhältnisse herbeigeführt werden, die ohne Hinzutreten eines sonstigen Faktors Vereisungen bewirkten, der muß implizite zugeben, daß diese primär und lokal entstehen können, und daß alle übrigen Eisherde sekundärer Natur, die scheinbar einheitlichen Vereisungen also genetisch ungleichzeitig sind."

Die allgemeine Konstanz des heutigen Klimas.

Überhaupt hat in der historischen Zeit in der näheren Umgebung des Altweltmittelmeergebietes keine Klimaänderung mehr stattgefunden, denn die Lage der antiken Siedelungen an den abflußlosen Seen, die ja als wahre Regenmesser betrachtet werden können, zeigt deutlich, daß dieselben damals nicht mehr gefüllt gewesen sein können als jetzt. Auch in Griechenland haben sich seit der klassischen Zeit weder die Temperaturen noch Regenverhältnisse merklich verändert[1]). Der Staub und die Julihitze des Alphaiostales machte sich zur Zeit der olympischen Spiele genau so unangenehm bemerkbar wie heutzutage. Wie behaglich es aber den Alten im Peloponnes in Staub und Sonnenglut war, das können wir bei Epiktet nachschlagen[2]). Zu diesen indirekten Beweisen einer Klimakonstanz seit den Tagen des klassischen Altertums gesellt sich noch ein direkter: Die Erkenntnis der ungeheuren Bedeutung des Regens für die Landwirtschaft in einem mit einer ausgesprochenen Regen- und Trockenzeit ausgestatteten Klimagebiete, wie es u. a. Palästina ist, hatte bereits zur Zeit der Mischna und Tosefta im ersten und zweiten nachchristlichen Jahrhundert zu ziemlich genauen Beobachtungen und Messungen der Regen geführt. Es wurden die normalen Regenhöhen der Frühregen zu etwa

---

[1]) Fischer, Über Klimaänderungen in Nordafrika, in Marokko, Syrien usw., Verschiebungen der Grenzgebiete, Peterm. Mitt. 1904, S. 176. Vgl. auch W. R. Eckardt, Klimaproblem S. 138/140.

[2]) *Τὸ κλῖμα τῆς Ἑλλάδος ὑπὸ Δημητρίου Αἰγινήτου, μέρος Α'* 1907, 1908. (*Βιβλιοθήκη Μαράσλη.*) Vgl. das Referat von J. Partsch hierüber in Gött. gelehrten Anzeigen unter der Aufsicht der Königl. Ges. d. Wissenschaften, Berlin 1909, S. 287—300. Vgl. auch Neumann-Partsch, Physikalische Geographie von Griechenland mit besonderer Rücksicht auf das Altertum, Breslau 1885.

54 cm bestimmt, was mit den jetzigen Regenmessungen zu Jerusalem z. B., wie überhaupt mit der durchschnittlichen heutigen Regenmenge vieler Orte der betreffenden Gegend sehr gut übereinstimmt[1]).

Gegen eine Klimaänderung sprechen aber ferner außer den angeführten Tatsachen nicht nur der Umstand, daß die Anbaugrenzen von Ölbaum, Dattelpalme und Wein ganz dieselben geblieben sind, sondern vor allem auch die im Talmud und in der Bibel auf den Ackerbau bezüglichen Lieder und Sprüche der Hebräer, sowie sonstige Bemerkungen aller in Frage kommenden Autoren des Altertums[2]). Somit war der natürliche Austrocknungsprozeß des gesamten Mittelmeergebietes bereits zu Beginn der geschichtlichen Überlieferung beendet und es kann in keiner Weise davon die Rede sein, daß die Austrocknung jener Länder tief in die Geschichte des Menschengeschlechtes eingriffe, noch davon, daß die zu Ende des Altertums stattfindende Wanderung der Kulturzentren nach Norden nur zum Teil auf die Wanderungen der Völker, als vielmehr auf die Änderungen des Klimas zurückzuführen sei. Solche Behauptungen müssen auch beim Historiker auf heftigen Widerstand stoßen. Wäre in der Tat ein Austrocknen seit dem Altertum eingetreten, so würde sich auch die Lebenshaltung der Bewohner merklich geändert haben, was aber nicht der Fall ist.

Auch ist nicht zu vergessen, daß im Altertum Bewohner der subtropischen Zone schrieben, die Pflege der heutigen Wissenschaft aber vorwiegend dem gemäßigten Europa obliegt. Der Südländer mußte notwendig dieselben Erschei-

---

[1]) Vogelstein, Die Landwirtschaft in Palästina zur Zeit der Mischnah, I. Teil, Der Getreidebau, Berlin 1894.

[2]) Vgl. H. Hilderscheid, Die Niederschlagsverhältnisse Palästinas in alter und neuer Zeit, Ztschr. d. Deutsch. Palästina-Vereins, Bd. 25, S. 1—105, Leipzig 1905 sowie C. Kassner, Die Meteorologie der Bibel in „Das Wetter" 1892, S. 25 ff.

nungen mit anderen Augen sehen und mit anderen Farben malen als der Bewohner des Gebietes im Norden der Alpen.

Säkulare Klimaperioden.

Über Klimaänderungen zwischen den Anfängen der geschichtlichen Kunde und dem Ende der Eiszeit geben uns in anderen Gegenden der Erde in erster Linie nur pflanzengeographische Untersuchungen Aufschluß.

Wenn auch zum Teil mit Recht Klimaperioden für das regelmäßige Auftreten von Schichten bestimmter Waldreste im nördlichen Europa zurückgewiesen werden und die Wechsellagerung von Torf und Wurzelschichten in erster Linie nur auf das eigene, durch örtliche Ursachen bedingte Wachstum der Moore zurückgeführt wird, so läßt doch die Altersfolge der Bäume in Schweden gleichzeitig deutlich erkennen, daß seit der Eiszeit die Temperatur stetig zu- und dann wieder abnahm. Als sie den Höhepunkt erreichte, war der Haselnußstrauch weit über seinen gegenwärtigen Bezirk hinaus verbreitet. Seine heutige Nordgrenze fällt mit der August-September-Isotherme von 12° zusammen, an seiner ehemaligen beträgt die Temperatur im Spätsommer jetzt 9,5°, und man schließt daraus auf eine sommerliche Wärmeabnahme von $2^1/_2$°. Zu demselben Ergebnis gelangte man auf Grund der Feststellung ehemaliger Fichtenbestände in Norwegen, die 350—400 m über ihrer gegenwärtigen Höhengrenze gefunden wurden, sowie in bezug auf die marine Molluskenfauna der oberen Tapesschichten am Christianiafjord[1]). Auch für Island hat man eine größere Ausbreitung der Birkenwälder in postglazialer Zeit nachgewiesen, und selbst in

[1]) Vgl. vor allem: J. Hoops, Waldbäume und Kulturpflanzen im germanischen Altertum, Straßburg 1905 und die hier sehr zahlreich zitierte Literatur.

Mitteleuropa schob sich zwischen die Eiszeit und die gegenwärtige Waldperiode eine „xerothermische" Periode mit etwas wärmerem und trockenerem Klima ein, der wohl auch die frühere stärkere Bewaldung des Brockengipfels, die nicht mehr für die historische Zeit gilt, zuzuschreiben ist. Am auffälligsten ist aber die Erscheinung, daß, wie gesagt, ein allmähliches Vorrücken der Pflanzenwelt Mitteleuropas in die nordischen Länder seit dem Ausklingen der Glazialperiode zweifellos aufs engste mit einer stetig fortschreitenden Erwärmung des Klimas zusammenhängt, welche während der ganzen Ancylusperiode andauerte und wahrscheinlich kurz vor dem höchsten Stand des Litorinameers, der etwa mit dem Beginn der Fichten- und Buchenzeit zusammenfällt, ihren Höhepunkt erreichte.

Mit der Litorinaepoche aber fällt zeitlich das Steinzeitalter zusammen. In den dieser Zeit entstammenden Kjökkenmöddingern finden sich gewisse Muscheln, die strenge Winter und Brackwasser nicht lieben; aus dieser Tatsache hat man daher mit Recht gefolgert, daß die Abfallhaufen zu einer Zeit entstanden sein müssen, wo das Meer salziger und wärmer war als heute[1]). Die neuesten Untersuchungen[2]) haben dies Ergebnis vollauf bestätigt. Der Salzgehalt des Wassers und das Klima der dänischen Inseln scheinen in der Epoche der Muschelhaufen mehr als jetzt den Verhältnissen

---

[1]) Wie sehr die Wassertemperaturen auch unter den heutigen Verhältnissen für die Pflanzenwelt Norwegens maßgebend sind, geht daraus hervor, daß das Wachstum der Föhre (Pinus silvestris) in Norwegen jedesmal auffällig genau der Temperatur des Wassers im Vorjahre entspricht: das Längenwachstum des Baumes ist somit schon in der Knospe bestimmt, damit aber auch seine Widerstandskraft und seine Existenz „im Kampf ums Dasein". Eine geringe dauernde Wärmeänderung im Laufe einer geologischen Epoche kann somit auch eine Änderung der Waldformation bedingen. (Vgl. hierüber: Björn Helland-Hansen und Fridtjof Nansen, Die jährlichen Schwankungen der Wassermassen im norwegischen Nordmeer in ihrer Beziehung zu den Schwankungen der meteorologischen Verhältnisse, der Ernteerträge und der Fischereiergebnisse in Norwegen, Internationale Revue der gesamten Hydrobiologie und Hydrographie, Bd. II, Heft 3.)

an der Küste des offenen Ozeans entsprochen zu haben. Das weist darauf hin, daß das ältere nordische Steinzeitalter mit der Periode des Litorinameers zusammenfällt[1]).

So mußte während des ersten Abschnittes der Litorinaepoche zu den günstigen klimatischen Bedingungen allgemeiner Natur noch eine starke Senkung des Skagerraks hinzukommen, wodurch die warmen Wasser des Golfstroms in größerem Umfang als heute bis in das Innere der Ostsee gelangen und das Klima der baltischen Länder vorteilhaft beeinflussen konnten[2]). Die Ufermuschelbänke am Christianiafjord, die sich damals ablagerten, enthalten eine Fauna, die sich heute entweder ganz aus den norwegischen Gewässern in südlichere Gegenden zurückgezogen hat oder nur noch an der wärmeren Westküste bei Bergen existiert. Wir werden uns das Klima der nordischen Länder daher wohl ähnlich wie das des heutigen Irland vorzustellen haben. Nachdem jedoch die Litorinasenkung ihre größte Ausdehnung erreicht hatte und das Land sich wieder zu heben begann, um allmählich in die historischen Verhältnisse überzugehen, setzte eine allgemeine Klimaverschlechterung ein, die bis auf den heutigen Tag andauert, d. h. jedoch zu Beginn der historischen Gegenvart bereits beendet war. Durch die erneute Hebung des Meeresbodens im Skagerrak wurde das kräftige Eindringen der Wasser des Golfstroms in die Ostsee wieder beeinträchtigt, was notgedrungen eine ungünstige Rückwirkung auf das Klima der westlichen Ostseeländer üben mußte. Ferner dürfte die beständig zunehmende beträchtliche Hebung der skandinavischen Gebirge dazu beigetragen haben, das Klima der nordischen Länder nach und nach herunterzudrücken. Die Hauptursache dieses Wärmerückganges müssen jedoch andere, weiterreichende

---

[1]) C. G. J. Petersen, Affaldsdynger fra Stenalderen 178.

[2]) Vgl. auch W. Götz, Das Klima am Beginn der neolithischen Zeit, Verh. des 16. deutschen Geographentages, Berlin 1907.

Erscheinungen gewesen sein, da, abgesehen von den oben erwähnten auf Island gemachten paläophytologischen Funden, auch in den schottischen Torfmooren sowie auf den Shetlandinseln Reste von Eichen und Haselnüssen gefunden sind, die jetzt dort nicht mehr gedeihen.

Wenn sich auch über das Problem der Waldperioden der Länder des nördlichen Europas eine endgültige Entscheidung zurzeit noch nicht fällen läßt, so dürfen wir doch, da für unsere Untersuchung weniger Einzelheiten als vielmehr die für den ganzen Norden heute bereits feststehenden großen Züge der Entwicklung in Betracht kommen, das Schema der nordischen Vegetationsepochen als sichere Grundlage für unsere Forschungen annehmen, selbst für den Fall, daß eben in der Tat die verhältnismäßige Einheitlichkeit, die uns in der Pflanzenwelt der nordischen Länder und ihrer Geschichte entgegentritt, sich zweifellos vor allem auch durch die örtlichen klimatischen und edaphischen Verhältnisse des engen Einfallstores erklärt, durch das sie sich auf ihrem Vormarsch von Süden her hindurchzwängen mußte. In Nordeuropa folgt aber auf die der nordischen Vereisung gleichzeitige Periode der arktischen Sträucher (Dryaszeit) eine Kiefernperiode, dieser die Flora von Zitterpappel und Birke und dann eine Eichenperiode und dieser wieder eine Fichten- und Buchenperiode.

Ganz in das Gebiet der Sage zu verweisen sind jedoch die Nachrichten von dem einstigen Kornreichtum Islands, von skandinavischen Ansiedlungen an der Ostküste Grönlands, von der Gangbarkeit alpiner Pässe, die jetzt vergletschert sind usw. Sie sind alle teils durch Untersuchungen an Ort und Stelle — wie in Grönland — teils durch die historische Kritik widerlegt worden[1]).

[1]) Vgl. hierüber A. Supan a. a. O. S. 238 und die zugehörige Literatur.

Die Gründe für die Eigentümlichkeiten des Klimas der geologischen Vergangenheit.

Obwohl sich auch ohne Anwendung irgendwelcher hypothetischen Hilfsfaktoren die Eigentümlichkeiten der klimatischen Verhältnisse der Vorzeit bis zu einem gewissen Grade erklären lassen, so hat man sich doch frühzeitig veranlaßt gesehen, zu solchen zu greifen. Unsere Aufgabe wird es sein, die hauptsächlichsten jener zahlreichen Theorien und Hypothesen kurz zusammenzufassen und auf den Wert ihrer Verwendbarkeit hin zu prüfen. Was die Art der Klimaänderungen anlangt, so können wir entweder in gleichem Sinne fortschreitende oder periodisch wiederkehrende, innerhalb gewisser Grenzen oszillierende unterscheiden. Von ersterer Art würden diejenigen sein, die aus der fortschreitenden Abkühlung sich ergeben würden, aus dem allmählichen Schwinden eines früheren Einflusses der Eigenwärme der Erde auf die Verteilung der Klimate auf deren Oberfläche, oder jene, welche aus der Abkühlung der Sonne selbst, aus einer fortschreitenden Verminderung ihrer Strahlungsintensität hervorgehen müßten.

Sehen wir uns daher nach den Ursachen um, welche Änderungen des Klimas hervorzurufen vermögen, so können wir unterscheiden 1. die solaren, 2. die atmosphärischen und 3. die geographischen.

Die geographischen Änderungen des Klimas können verschiedene Ursachen haben. Zuerst kommt in Frage die Verlagerung der Drehungspole der Erde. Jede Änderung der Meeresgrenzen muß ebenfalls die Klimagebiete verschieben, und bei den zahlreichen Transgressionen und Regressionen, von denen die Erdgeschichte berichtet, wurde jedesmal auch das Klima relativ geändert. Alle tektonischen Bewegungen der Erdrinde und alle abtragenden Vorgänge ändern die Ausdehnung und Breite der Klimagürtel und Klimaprovinzen.

Neben diesen Ursachen kann man noch zahlreiche andere Erscheinungen aufzählen, die eine Klimaänderung bedingen oder beeinflussen, so die Änderungen in der Schiefe der Ekliptik und die Exzentrizität der Erdbahn. Die zuletzt genannten bezeichnet man auch als die kosmischen Ursachen terrestrischer Klimaschwankungen; dieselben mußten eine ausgesprochen periodische Wirkung ausüben.

Zu den geographischen Änderungen im weiteren Sinne gehört auch der eben erwähnte Einfluß der inneren Erdwärme, den man für das Klima der geologischen Epochen bis in das Eozän hinein annehmen zu müssen glaubte.

I. Der vermutliche Einfluß der inneren Erdwärme auf das Klima der Vergangenheit.

Fast allgemein verbreitet war früher die Annahme, daß in den früheren Erdperioden bis zum Tertiär hinauf die ehedem bedeutendere innere Erdwärme die Oberfläche in derselben Weise geheizt habe, wie etwa in einem Warmbeet der sich zersetzende Dünger eine höhere Temperatur erzeugt. Indessen haben neuere Berechnungen das ungewöhnlich geringe Wärmeleitungsvermögen der Gesteine hervorgehoben[1]). Um der Erdoberfläche dieselbe Wärmemenge von innen zuzuführen, die sie jetzt durch die Sonne von außen empfängt, müßte in einer Tiefe von 30 m volle Rotglut, d. h. eine Wärme von 1000° C herrschen[2]). Hierbei wird der verhältnismäßig gut leitende Granit als Grundgestein angenommen, während

[1]) Vgl. hierüber N. Ekholm, Variations on the climates, Quart. Journ. Royal Meteorological Soc. Jan. 1901, Bd. 27.

[2]) Fr. Frech, Studien über das Klima der Vergangenheit, Ztschr. d. Ges. f. Erdkunde zu Berlin 1902.

Sandstein oder Kalk eine dreimal geringere Wärmeleitungsfähigkeit besitzt. Zur Erzielung einer Heizung der Atmosphäre vom Erdinnern aus müßte also Rotglühhitze schon in einer Tiefe von 10 m herrschen; man müßte also schon in Tiefen von 5—10 Fuß unter dem Boden, bis wohin die Wurzeln der Bäume vordringen, eine so bedeutende Hitze voraussetzen, daß die Ernährungsbedingungen der Pflanzen gestört würden.

Wir kennen nun aus den ältesten fossilführenden Schichtensystemen, dem Algonkium und Kambrium, Ablagerungen Sandsteinen in einer gemessenen Mächtigkeit von mehr als 2000 m, die selbst in ihren tiefsten Schichten, da, wo sie auf älteren Graniten und Gneisen aufsitzen, nicht die Spur von Hitzewirkungen erkennen lassen, die sich darin äußern müssen, daß jene 2000 m mächtigen Sandsteine in ihren liegenden Schichten Kontakterscheinungen[1]) aufzuweisen hätten, wenn die Erdwärme durch die Sandsteindecke hindurch an der damaligen Erdoberfläche eine klimatisch bedeutsame Erwärmung des Meeres oder der unteren Luftschichten bedingt hätte. Da jedoch nichts von einer solchen zu erkennen ist, müssen wir mit Sicherheit annehmen, daß mindestens schon im Algonkium und Kambrium das Klima der Erde lediglich ein solares gewesen ist; und somit fallen alle Hypothesen, welche das vermutlich gleichmäßig warme Klima früherer geologischer Epochen und die vermeintliche Kälte der Eiszeiten auf Änderungen der Erdwärme zurückzuführen versuchen.

In jüngster Zeit ist die Abkühlungsfrage unseres Planeten durch die Entdeckung des Radiums in ein neues Licht gerückt worden, da nach Strutt bei gleichmäßiger Verteilung des Radiums durch die ganze Erdkugel $^1/_{5700}$, nach Dutherford sogar schon $^1/_{6600}$ mg pro Kubikmeter genügen soll, um die

[1]) J. Walther, Geschichte der Erde und des Lebens, S. 93.

Wärmeausgabe vollständig zu decken, und die untersuchten Gesteine mindestens das Zehnfache dieser Mengen enthalten[1]). Es ist jedoch wahrscheinlich, daß nur ein verhältnismäßig kleiner Teil der Erdmasse Radium enthält, und daß die Abkühlung der Erde durch die radioaktiven Prozesse nur eine Verlangsamung, vielleicht auch eine zeitweile Suspendierung erfährt. Man könnte also daran denken, daß die Wärmestrahlung durch radioaktive Vorgänge zeitweilig unterbrochen wurde, aber diese Hypothese beruht wieder nur auf einer Hypothese; ja, die ganze Frage ist für unseren Gegenstand, wie man weiter unten noch erkennen wird, vollkommen belanglos.

II. Das Verhalten des Sonnenkörpers. Die Entwicklungsgeschichte der Sonne in ihren Beziehungen zu den geologischen Klimaten.

Was die Beziehungen zwischen einer Abnahme oder einer Veränderlichkeit der Intensität der Sonnenstrahlung mit den Variationen der irdischen Klimate anlangt, so geht diese Theorie davon aus, daß die atmosphärische und ozeanische Zirkulation ehedem energischer gewesen sei als jetzt, und so den Polarländern mehr warmes Wasser und mehr warme Luft zugeführt worden wäre als gegenwärtig, daß also bei den überwiegenden violetten Strahlen einer weißen Sonne eine sehr energische Zirkulation zwischen Äquator und den Polen entstand, welche den höheren Breiten viel mehr Wärme brachte als jetzt[2]). Da die violetten und ultravioletten Strahlen von kleiner Wellenlänge nach Langley weit mehr von der Luft absorbiert werden als die ultraroten und roten, so

---

[1]) Vgl. hierüber Supan a. a. O. S. 360.

[2]) Vgl. E. Dubois, Die Klimate der geologischen Vergangenheit und ihre Beziehungen zur Entwicklungsgeschichte der Sonne, Leipzig, Spohr 1893; The climates of the geological Past etc., London 1895, sowie Woeikof, Geologische Klimate, Peterm. Mitt. 1896 Heft 11.

erhielten eben vor allem die unteren Luftschichten, der Boden und die Gewässer der Tropen von der weißen Sonne relativ wenig Wärme zugestrahlt, der größere Teil wurde durch die höheren und mittleren Luftschichten absorbiert. „Dagegen wird die durch allgemeine Absorption in den höheren Luftschichten mitgeteilte Energie der damals überwiegend blauen, violetten und ultravioletten Strahlen zur Verstärkung der allgemeinen Zirkulation der Atmosphäre gebraucht worden und auf indirektem Wege den subpolaren Breiten zugute gekommen sein." Auf diese Weise hätte die Erdatmosphäre viel mehr Wasserdampf und viel dichtere Wolken gehabt als jetzt. Die Beobachtungen an der Venus, welche bekanntlich viel mehr Wärme von der Sonne empfängt als die Erde, sollen eine solche Lage der Dinge zeigen. All diese wenig diathermen Stoffe hätten die Ausstrahlung in den Polarländern sehr gehemmt.

Demgegenüber muß betont werden, daß eine lebhaftere Zirkulation zwischen Äquator und Pol durch Zustände auf der Erde allein, wie z. B. die gewisse Verteilung des Festen und Flüssigen, schon möglich ist, ohne daß man deshalb eine höhere Sonnenwärme als die gegenwärtige in Anspruch zu nehmen braucht, daß jedoch bei ehedem geringeren thermischen Gegensätzen von Pol und Äquator eine energische Zirkulation zwischen diesen Gegenden überhaupt nicht stattfinden konnte. Aber selbst zugegeben, daß eine lebhaftere Zirkulation des Luftmeeres an sich in geologischer Vorzeit auf alle Fälle möglich gewesen wäre, so hätte doch auf dem Luftweg den höheren Breiten direkt keine Wärme aus den niederen zugeführt werden können, ebensowenig wie das heute der Fall ist.

So ist denn auch jene von astrophysikalischen Ursachen ausgehende und in den Veränderungen des Sonnenkörpers, sowie seines Strahlungsvermögens die Ursache der großen, die ganze Erde gleichartig beeinflussenden Klimaänderungen sehende Vermutung nicht imstande, Ursache und Notwendigkeit einer Abkühlung des Erdenklimas oder gar eines periodischen Wechsels desselben nachzuweisen.

In der Geschichte der Erde fehlt jeder Zusammenhang mit der Geschichte ihrer Sonne, und wir merken nirgends etwas von der größeren Wärmesumme, welche die Sonne, als sie noch jünger war, hätte geben können. Ist doch auch in den ältesten Versteinerungen nichts von den Wirkungen einer ehedem heißeren Sonne zu erkennen. Es ist demnach unmöglich, zu bestimmteren Vorstellungen von dem Einflusse der hypothetischen Variationen in der Strahlung der Sonne auf die geologischen Klimate zu gelangen, ja, es ist eher wahrscheinlich, daß eine heißere Sonne ehedem die Glazial- und Pluvialzeit hervorrufen konnte, als daß in dieser Epoche eine Verminderung der Eigenwärme der Sonne um 100° C stattgefunden hätte. Denn nach den meteorologischen Untersuchungen muß als festgestellt gelten, daß in den Tropen die Größe der Einstrahlung und in den höheren Breiten die der Ausstrahlung für die Jahrestemperatur insofern maßgebend ist, als in den Äquatorialgebieten infolge stärkerer Bewölkung eine, wenn auch nur in geringem Maße niedrigere Temperatur sonnenfleckenreicheren Jahren entspricht, während sich, in je höhere Breiten man sich begibt, ein immer mehr ausgeprägtes entgegengesetztes Verhalten geltend macht, indem eine größere Bewölkung stets eine höhere Jahrestemperatur bewirkt.

Wohl sind die klimatischen Verhältnisse der Vorzeit andere, aber ihre Unterschiede liegen in den Grenzen, die wir auch heute kennen. Die Hypothese einer in geologischer Vorzeit im allgemeinen größeren, nur während der Eiszeiten, die an den Wenden des Paläozoikums wie des Känozoikums auftraten, geringeren Sonnenwärme unterscheidet sich doch nur durch die sachkundige Verwendung astrophysikalischer Tatsachen von jener großartigsten aber auch luftigsten Vorstellung von abwechselnd warmen und kalten Stellen im Weltenraum, durch die das Sonnensystem seinen Weg nimmt. Mit Recht bemerkt J. Walther, daß uns die geologische Gegenwart bezüglich des Verhältnisses der Gletscherschwankungen zur Sonnenwärme zwar manche Fingerzeige gebe, um den Charakter der eiszeitlichen Zwischenphasen zu verstehen, aber auf keinen Fall ein wirkliches Äquivalent, da die diluvialen Erscheinungen sich in weit größeren Ausmaßen bewegten.

III. Die chemische Zusammensetzung der Atmosphäre und ihre Wirkung auf das Klima.

Wenn von atmosphärischen Klimaänderungen die Rede ist, so beruhen diese im wesentlichen darauf, daß die chemische Zusammensetzung der irdischen Lufthülle sich ändert und dadurch ihre Wärmedurchlässigkeit vermehrt oder vermindert wird. Bei allen geologischen Vorgängen beobachten wir einen lebhaften Austausch der in der Atmosphäre enthaltenen Stoffe mit den anderen Hüllen des Erdballs. Ihre Zusammensetzung kann sich ändern durch Massen, die aus der Pyrosphäre aufsteigen, durch die Tätigkeit der Biosphäre und die Veränderungen, die in der Hydrosphäre vor sich gehen. Ist doch jedes polare Steineis, jede Kalkschicht, jedes Kohlenlager ein Stück Atmosphäre, das der Lithosphäre allmählich zugefügt wurde, und so will uns die Lufthülle der Erde als ein stets veränderliches Gebilde erscheinen, als der jeweilig unverbrauchte, bewegliche gasförmige Rest großer geologischer Prozesse: ein „Rest", der freilich bei den wechselnden Vorgängen stets neu ergänzt wird.

Zunächst ist ja klar, daß alle Gase, die nicht wenigstens

die doppelte Dichtigkeit des Wasserstoffs haben, über kurz oder lang aus der Erdatmosphäre verschwinden müssen. So können sich z. B. Wasserstoff selbst und das aus dem, gewissen Quellen und anderen Ausscheidungen der Erdrinde eigentümlichen Radium sich abspaltende Helium — Gase, die sich in ungeheuerer Menge in der äußersten Sonnenatmosphäre vorfinden — bereits bei dem Abkühlungsprozeß der Erde nicht in der Atmosphäre dieser halten, sondern sind infolge ihres geringen spezifischen Gewichts dem allgemeinen Gravitationszentrum unseres Planetensystems, der Sonne, zugeflogen.

So finden wir nur schwerere Gase in der Erdatmosphäre und besonders solche, die, wie der Stickstoff und das Argon, durch den absoluten Mangel an chemischer Reaktionsfähigkeit sich auszeichnen. Da sie keine chemische Verbindung mit den Stoffen der Erdrinde eingehen, konnten sie sich eben nach und nach in der Atmosphäre ansammeln.

Die Theorie Arrhenius-Frech von dem wechselnden Gehalt der Atmosphäre an Kohlensäure.

Eine Zeitlang erblickte man in dem wechselnden Gehalt der Atmosphäre an Kohlensäure die Hauptursache der Änderungen des Klimas im Laufe der geologischen Epochen bis auf den heutigen Tag[1]). Arrhenius berechnet die Temperaturveränderungen, welche durch den verschiedenen Kohlensäuregehalt der Atmosphäre hervorgerufen werden könnten, für Breitenintervalle von je 10° für alle Breiten von 60° s. Br. bis 70° n. Br., und zwar sowohl für die einzelnen Jahreszeiten als auch für das Jahr. Um ein Bild der Änderungen zu geben, sollen hier die Änderungen der Jahrestemperatur

[1]) Svante Arrhenius, On the Influence of Carbonic Acid in the Air upon the Temperature of the Ground, Philosophical Magazine 1896, Bd. 41, S. 237 und S. 41.

für einige Breitenkreise mitgeteilt werden, wenn der Kohlensäuregehalt statt 1 ein anderer wäre.

Kohlensäuregehalt	0,67	1,5	2,0	2,5	3,0
65° n. Br.	—3,1	3,5	6,0	7,9	9,3
45° n. Br.	—3,3	3,6	5,9	7,7	9,2
0°	—3,0	3,1	4,9	6,5	7,3
45° s. Br.	—3,4	3,7	5,9	7,8	9,2

Was nun die geologischen Folgerungen anlangt, so würde sich hieraus ergeben, daß man Temperaturschwankungen um mehrere Grade durch eine nicht sehr beträchtliche Änderung des Kohlensäuregehaltes der Atmosphäre erklären kann. Es würden sich nach diesen Rechnungen um 8—9° höhere Temperaturen in den Polargegenden ergeben, wenn der Kohlensäuregehalt der Luft nur 2,5 oder 3 mal so groß wäre als gegenwärtig. Da nun in der Tat bei Vulkanausbrüchen ungeheuere Massen von Kohlensäure ausgehaucht werden, hindert uns an sich nichts, anzunehmen, daß mit der wechselnden Intensität der vulkanischen Tätigkeit auch der Kohlensäurereichtum der Atmosphäre größeren Schwankungen unterworfen war. Die Theorie gipfelt nämlich darin, daß die Perioden höchster Wärme mit den Höhepunkten der vulkanischen Ausbrüche zusammenfallen sollen, und daß andererseits die Gleichzeitigkeit der Rückgänge der Temperatur- und der Tiefpunkte eruptiver Tätigkeit miteinander korrespondierten; und zwar wird der Gehalt an Kohlensäure eben durch vulkanische Eruptionen gesteigert, hauptsächlich durch Kohlen- und Kalkbildung aber vermindert. Allein das Maximum des Vulkanismus fällt nicht in den Anfang des Tertiärs, sondern in die Mitte dieser Periode; die vulkanische Tätigkeit hält im Miozän noch an, als die Kohlenbildung bereits abgeschlossen war. Daher darf die Ursache der Abkühlung nicht im Verbrauch der Kohlensäure zur Bildung von Kohlenlagern gesucht werden. Der ursächliche Zusammenhang wäre vielmehr umgekehrt. Das Primäre müßte die Klimaschwankung, das Sekundäre die Kohlenentwicklung sein. Daß trotzdem der Einfluß dieser Kohlenentwicklung auf den Kohlensäuregehalt der Luft von entschiedener Bedeutung gewesen sein könnte, und daß daher, ohne daß der Kohlensäureverbrauch ausschließlich Ursache der Eiszeit gewesen wäre, die Größe der glazialen Temperaturveränderung — falls es sich um einen solchen universellen Faktor überhaupt gehandelt hätte — wohl mit durch die Kohlenbildung hätte beeinflußt werden können, scheint auf den ersten Blick nicht ohne weiteres von der Hand gewiesen werden zu dürfen[1]), allein die Eiszeit hatte ganz andere Ursachen. Bei dem hypothetischen größeren Gehalt der Atmosphäre an Kohlensäure kommt es ferner nicht auf die Möglichkeit des Tierlebens und Pflanzenwachstums selbst an, sondern in erster Linie auf die für die Konservierung (Humifizierung) vom Klima gegebenen günstigen Bedingungen. Was das Karbon anlangt, so wäre vom geologischen Standpunkte zugunsten der in Rede stehenden Theorie vielleicht geltend zu machen, daß die durch Vulkantätigkeit gesteigerte Kohlensäureentwicklung in den allgemeinen Zyklus der die Steinkohlenbildung begleitenden geologischen Erscheinungen an sich ganz gut hineinpaßt. Demgegenüber ist aber auch für die karbonische Kohlenbildung der Einwand zu erheben, daß der Höhepunkt der Eruptionstätigkeit erst in die Zeit des Rotliegenden fällt, also lange nach Abschluß der produktiven Steinkohlenformation[2]). Ob man den vermeintlichen Kohlensäurereichtum der karbonischen Formation auf Rechnung der stellenweise recht beträchtlichen Eruptionen der vorangehenden devonischen Formation setzen kann, erscheint mindestens fraglich. Es liegen daher im Karbon die

[1]) F. Solger, Die Moore in ihrem geographischen Zusammenhang, Ztschr. d. Gesch. f. Erdkunde zu Berlin 1905, Heft 9.

[2]) A. Dannenberg, Geologie der Steinkohlenlager, I. Teil, Berlin 1908.

Verhältnisse in dieser Beziehung für die Anwendung der Theorie Arrhenius-Frech ebenso ungünstig wie im Tertiär.

Wenn nun auch an sich kein triftiger Grund gegen eine zeitweise in der Atmosphäre in größerem Maße vorhandene Kohlensäuremenge angeführt werden kann, so ist doch auf Grund exakter Forschungen nachgewiesen[1]), daß wie eine Brettdicke von 1 mm genügt, um den Durchgang von Lichtstrahlen zu verhindern, so auch die gegenwärtig in der Luft enthaltene CO_2-Menge zur Absorption alles leistet, was die CO_2 überhaupt zu leisten imstande ist. Ja, es würde sogar $^1/_5$ der zurzeit vorhandenen Kohlensäure zur nahezu völligen Absorption ausreichen. Erst wenn der Kohlensäuregehalt unter $^1/_5$ seines jetzigen Betrages sänke, würde sich ein Einfluß in negativem Sinne auf das Klima geltend machen können, jede weitere Zunahme des Betrages an diesem Gase aber würde vollkommen wirkungslos bleiben. Wir haben ferner aber auch keine Berechtigung anzunehmen, daß das Karbon ebenso wie das Tertiärklima der Moorbildung besonders günstig gewesen sei. Denn die reichliche Humusbildung in diesen Epochen erklärt sich in erster Linie durch die Tatsache, daß diese Formationen die Zeiten hervorragender Gebirgsbildungen gewesen sind, wodurch Täler geschaffen wurden und große, insbesondere durch Meeresküsten angezeigte Senkungsgebiete, die für Moorbildungen besonders geeignete Örtlichkeiten darstellten. Bei einer ständigen Landsenkung mußten an vielen Stellen große Moore entstehen. So findet die Kohlebildung in jenen beiden Epochen ihre volle kausale und logische Begründung, während dieser die Theorie Ar-

[1]) Ångström, Über die Bedeutung des Wasserdampfes und der Kohlensäure bei der Absorption der Erdatmosphäre (Ann. d. Physik N. F. 3, 1900). Derselbe, Über die Abhängigkeit der Absorption der Gase, besonders der CO_2 von der Dichte (Oevers, Vetensk, Akad. Förhandl 1901). Derselbe, Einige Bemerkungen zur Absorption der Erdstrahlung durch atmosphärische CO_2 (ebenda), sowie vor allem Cl. Schäfer, Über die ultrarote Absorpt.-Spektr. der CO_2, Habilit.-Schr., Breslau 1903.

rhenius-Frech vollkommen entbehrte. Eher kann man das Gegenteil behaupten und sagen, daß die Vereisungen durch Vulkanausbrüche hervorgerufen worden wären. Denn die Eiszeiten treten in Perioden auf, wo der Vulkanismus, soweit er nicht sein Maximum erreicht, doch recht rege ist. Andrerseits bringt ein Nachlassen der vulkanischen Kräfte, wie es z. B. für das Mesozoikum charakteristisch ist, überhaupt keine erkennbare Herabsetzung der Temperaturen an der Erdoberfläche hervor. Im Gegenteil!

Außer der Theorie Arrhenius-Frech von dem wechselnden Gehalt der Atmosphäre an Kohlensäure ist es vor allem noch eine Theorie, welche die Endursache der Glazialzeit in den wechselnden Erscheinungen des Vulkanismus sucht: die nach Art der bei dem Krakatau-Ausbruch erzeugten Höhenstaubwolken schwächen in den geologischen Zeiträumen intensiver Eruptionstätigkeit die Wirkung der Sonnenstrahlung und sind außerdem einer reichlicheren Kondensation des Wasserdampfes in der Atmosphäre günstig. Wenn auch diese Hypothese nicht gegen die Gesetze und neusten Beobachtungen der Meteorologie verstößt, so ist doch auch sie ebensowenig imstande, Ursache und Wirkung im Glazialproblem in einwandfreier Weise zu verknüpfen, wie jene Vorstellung von abwechselnd warmen und kalten Stellen im Weltenraume, durch die das Sonnensystem seinen Weg nimmt: die Erde müßte mit allen anderen Körpern des Systems Gewinn von den warmen Stellen ziehen, bzw. an Wärme verlieren in den kalten Abschnitten, wie das neuerdings wieder von einem etwas anderem Gesichtspunkt Fr. Nölke auseinandergesetzt hat, nach dessen Theorie die Folgen des Durchschreitens kosmischer Nebelmassen im wesentlichen zweierlei Art sind:

1. Der Stern zieht kleinere oder größere Kondensationen der Nebelmaterie, die nicht übermäßig weit von ihm entfernt sind, zu sich heran und zwingt sie, wenn der Widerstand

der feinen Materie imstande ist, die hyperbolische Exzentrizität in eine elliptische umzuformen, als Kometen ihm zu folgen.

2. Die Nebelmaterie absorbiert einen Teil der Licht- und Wärmestrahlung des Sterns und ruft dadurch auf den ihn umkreisenden Planeten eine Abkühlung hervor.

IV. Die geographischen Gründe für die Änderungen des Klimas.

Der Einfluß der Konfiguration der Länder und Meere auf das Klima.

Es ist eine unumstößliche Tatsache, daß in keiner geologischen Periode, auch nicht in der wärmsten, ein vollkommen gleichförmiges Tropenklima vom Äquator bis zu den Polen vorhanden gewesen sein kann. Denn bei der Kugelgestalt der Erde können zonale Klimaunterschiede nicht erst ein Merkmal der jüngsten geologischen Epochen sein: immer trafen die Sonnenstrahlen das Tropengebiet unter flachem Winkel, und daher war stets die zugestrahlte Wärme, die ein Quadratkilometer Land von der Sonne erhielt, abhängig von der geographischen Breite. Man kann daher nicht von einer Ausbildung von Klimazonen reden, die in einer gewissen Epoche eingesetzt haben soll, sondern nur von einer schärferen Herausprägung und Verstärkung bereits vorhandener Temperaturunterschiede unter bestimmten Umständen. „Die Forderung, daß es erst seit der Kreidezeit klimatische Verschiedenheiten gäbe," bemerkt v. Kerner, „schiene fast gleichbedeutend mit dem kühnen Postulat, daß die Gesetze der Physik der Atmosphäre erst seit der Kreidezeit beständen." Eine Verschärfung mußte aber eintreten, wenn die Temperaturen aus Gründen, die durchaus auf der Erde selbst zu suchen sind, sanken, so daß sich in den höheren Breiten die Bedingungen für stärkeren Schneefall einstellen konnten. Durch die stärkere

Reflexion der Schneedecke werden aber die Wintertemperaturen tief herabgedrückt, während im Frühjahr ein großer Teil der Sonnenwärme, der in schneefreien Gebieten der Erwärmung der Luft und des Landes zugute kommt, zum Schmelzen von Eis und Schnee verbraucht wird.

Ferner wird in den kühlen Erdperioden von den höheren Breiten, insbesondere von den vereisten Polarzonen aus, wenn deren Gletscher ins Meer kalben, der Weltozean nicht nur auf großen Teilen seiner Oberfläche, sondern auch in seiner gesamten Tiefe abgekühlt, so daß schließlich auf Umwegen auch die Tropen — durch kalte Auftriebwässer namentlich an den Westküsten der Kontinente in den Subtropen — nicht unbeeinflußt bleiben von den Wirkungen der polaren Kälte. Wenn dagegen die Bedingungen für die Entstehung größerer Eismassen an den Polen fehlen, muß sich auch der Weltozean erwärmen und somit von seinem abkühlenden Einfluß verlieren; er vermag im Gegenteil für die höheren Breiten sogar zu einem Wärmespeicher zu werden, indem äquatoriale Meeresströmungen jenen vor allem im Winter Wärme zuführen.

Ohne weiteres leuchtet daher auf Grund dieser Erwägungen ein, daß für die paläoklimatologische Forschung die paläogeographischen Rekonstruktionen der wichtigste Lebensquell sind: ein Standpunkt, den einer unserer verdienstvollsten Forscher auf dem Gebiete der Paläoklimatologie, Fritz v. Kerner, in all seinen Untersuchungen mit Recht nachdrücklichst betont hat. Denn diese deduktive Methode in der Paläoklimatologie ist vor allem deshalb sehr wichtig, weil wir lediglich mit ihrer Hilfe den Verlauf der Wind- und Meeresströmungen sowie die Temperaturverhältnisse festzustellen vermögen, und zwar durch gewisse allgemeine Grundsätze über Verteilung von barometrischen Tiefdruck- und Hochdruckgebieten unter der ehemaligen Festland- und

Meeresverteilung nach analogen heutigen Verhältnissen. Die Konfiguration der Länder und Meere für die einzelnen lithologisch oder paläontologisch an sich leicht bestimmbaren Klimaregionen zu einem harmonischen System paläogeographischer Beziehungen anzuordnen, wird daher die vornehmste Aufgabe der Paläogeographie sein, aber bis dieses Ziel selbst in großen Zügen einmal erreicht sein wird, wird es noch langer mühseliger Mosaikarbeit bedürfen.

Immerhin können wir uns diesem Ziele bereits auf Grund allgemeiner geophysikalischer Tatsachen und Erwägungen nähern.

Spitaler hat auf Grund der von ihm berechneten Mitteltemperaturen der Parallelkreise und der von H. W. Dove gefundenen Zahlen für die Verteilung von Wasser und Land eine Formel aufgestellt, welche die Temperatur jedes Parallelkreises als eine Funktion der geographischen Breite und des Verhältnisses von Wasser und Land darstellt. Sie gibt als:

Temperatur	Wasserhalbkugel	Landhalbkugel	Differenz
des Äquators	22.2°	41.5°	19.3°
des Poles	— 9.5°	—28.8°	19.3°
der ganzen Halbkugel	13.8°	20.2°	6.4°

Die höchste Temperatur würde demnach eine Halbkugel besitzen, die vom Äquator bis 45° mit Land, von da bis zum Pol mit Wasser bedeckt wäre, die umgekehrte Verteilung von Wasser und Land liefert dagegen die niedrigste Temperatur. In der Tat finden wir, daß bezüglich des ersteren Falles im warmen Mesozoikum ähnliche Verhältnisse auf der Erde vorhanden waren. Spitaler hat die Mitteltemperaturen der Erde unter diesen Verhältnissen berechnet und gefunden:

Mittlere Temperatur der Erde:

Äquator bis 45° Land und 45° bis Pol Wasser: 22.8°
„ „ 45° Wasser „ 45° „ „ Land: 11.1°

Die Zone vom Äquator bis 45° hätte in einer Wasserhalbkugel eine Mitteltemperatur von 18.2°, in einer Landhemisphäre 31.1°; die Kalotte von 45° bis zum Pol auf einer Wasserhalbkugel 2.7°, auf einer Landhalbkugel — 6.2°.

Wenn sich diese Rechenergebnisse natürlich auch ziemlich weit von den wirklichen Verhältnissen entfernen mögen, so sind sie, was auch v. Hann betont, doch von großem Interesse, weil sie uns eine genügend klare Vorstellung von dem Einflusse von Wasser und Land auf die Temperatur der Erdoberfläche vermitteln, sowie von den Veränderungen, die erstere erleiden werden, wenn die Verteilung von Wasser und Land auf der Erde sich ändern würde.

Vor allem mußte der Gegensatz eines heißen Tropenlandes und eines kalten Polarlandes stets vorhanden sein, solange beide Zonen landbedeckt waren. Sobald jedoch die Polarzone transgredierend vom Meere überflutet wurde, dann fehlten, wie J. Walther[1]) zuerst mit Nachdruck betont hat, alle Bedingungen für die Speicherung von Schnee und alle Voraussetzungen für die Bildung von Gletschern. Die Erdpole und ihre gebirgigen Nachbargebiete können daher nur dann ansehnliche Schnee- und Gletschermassen getragen haben, wenn sie Festland waren. „In der ganzen Zeitspanne zwischen Diluvium und Perm fehlen auffallenderweise alle Spuren polarer Eisdecken. Man hat diese Tatsache meist so verstanden, daß sich die ‚Klimazonen' erst am Schluß der Pliozänzeit herausgebildet hätten. Aber wir haben das Unsinnige einer solchen Auffassung schon hervorgehoben. Es bleibt also, sofern es nicht noch gelingen sollte, mittelzeitliche glaziale Blocklehme zu finden, nur die Annahme übrig, daß die Polgebiete während der Mittelzeit vom Meere transgrediert gewesen sind. . ." Firnschnee und Gletscher können nur

[1]) Allgemeine Paläontologie.

auf Festländern sich halten; sie müssen sofort verschwinden, wenn die Polargebiete vom Meere transgrediert werden.

Das atmosphärische Zirkulationssystem.

Wenn die ungleiche Erwärmung der Erde die Hauptursache für die Entstehung der Luftströmungen, der Winde, ist, weil die verschieden temperierten Luftmassen auch verschieden schwer sind und daher den durch die verschiedene Erwärmung gestörten Gleichgewichtszustand wieder herzustellen bestrebt sind, so muß in den pliothermen Erdperioden der geringe thermische Gradient zwischen Äquator und Pol notwendigerweise auch eine Milderung des barischen, also vor allem auch eine Abschwächung des gesamten planetaren und terrestrischen Windsystems zur Folge gehabt haben. Das ganze Zirkulationssystem der Atmosphäre, auch das außertropische, muß daher ein verhältnismäßig träges gewesen sein, insofern, als es sich in der Hauptsache nur um Konvektionsströmungen oder, wie im Winter der betreffenden Halbkugel, nur um flache und verhältnismäßig langsam wandernde Zyklonen und Antizyklonen auch in den außertropischen Breiten gehandelt haben kann. Wäre die Atmosphäre an der Erdoberfläche und in jeder Horizontalschichte gleichförmig erwärmt, so würde der Druck an der Erdoberfläche sowie in jeder Fläche gleichen Abstandes von derselben in allen Punkten (derselben Schicht) der gleiche sein. Es wäre dann keine Veranlassung zu Bewegungen vorhanden, weil die Schwerkraft, wie auf einem ruhigen Wasserspiegel, überall senkrecht auf den Flächen gleichen Drucks stehen würde, wie es das Gleichgewicht verlangt. Wenn aber die Wärme ungleichmäßig verteilt ist, wie das in der Erdatmosphäre stets mehr oder weniger der Fall ist, so bleiben die Flächen gleichen Druckes nicht mehr senkrecht zu den Richtungen der Schwere, und das Gleichgewicht wird gestört.

Je geringer demnach die Wärmeunterschiede zwischen Äquator und Pol sind, um so träger muß das Zirkulationssystem der Atmosphäre entwickelt sein, denn gerade das System der planetarischen Winde nimmt ja in den Tropen seinen Ursprung, und daher sind auch die sogenannten dynamischen Luftdruckgebilde, also auch die polaren bzw. subpolaren Tiefdruckgebiete, in letzter Hinsicht thermisch bedingt. Eine Abnahme der Geschwindigkeit des Luftabflusses vom Äquator verringert aber auch die Größe der ablenkenden Kraft der Erdrotation, unter deren Einwirkung die dem Pol zustrebenden Luftmassen stehen und die nicht nur von der geographischen Breite, sondern auch von der Geschwindigkeit des bewegten Körpers abhängt. Das hätte zur Folge, daß die äquatorischen Ostwinde erst in höheren Breiten als unter den heutigen Verhältnissen in die allgemeine Westwindtrift übergehen und ihre Stauwirkung ausüben. Zuletzt müßte hieraus eine in polarer Richtung erfolgende Verschiebung der subtropischen Hochdruckgebiete sich geltend machen.

Daraus aber geht ohne weiteres hervor, daß eine größere Regenarmut bzw. größere Unregelmäßigkeit in der Niederschlagsverteilung für die pliothermen Perioden im allgemeinen charakteristisch gewesen sein muß, und zwar trotz der größeren Aufnahmefähigkeit der Luft an Wasserdampf infolge der höheren Gesamtwärme, weil die Veranlassungen zur Kondensation nicht so zahlreich waren, wie jetzt. Es kommt hinzu, daß eine allgemeine Temperaturerhöhung auf der Erde den Wasserdampf durch Diffusion in große Höhen aufsteigen läßt, wo es an Kondensationskernen, also an Gelegenheit zur Nebel- und Tröpfchenbildung fehlt, da das Molekulargewicht des Wasserdampfes geringer ist als das des atmosphärischen Gasgewichts, wodurch der Wasserdampf eine größere Molekulargeschwindigkeit hat als Luft von gleicher Temperatur. Je wärmer es also auf der Erde ist, um so weniger besteht Aussicht auf ergiebigere und verbreitetere Niederschläge trotz der größeren Aufnahmefähigkeit der Luft für Wasserdampf infolge der höheren Temperatur. Denn wenn der Wasserdampf sich in der Höhe abkühlt und dadurch sinkt, verdampfen die etwa gebildeten Tröpfchen beim Niederfallen in tiefere Schichten und steigen abermals in Dampfform empor. Auch der Umstand ist dabei in Rechnung zu ziehen, daß die Festländer in den wärmeren Epochen infolge fehlender Gebirgsbildungsprozesse mehr oder weniger eingeebnet waren.

Abnormer als die Tropen verhielten sich jedenfalls im Vergleich zu heute hinsichtlich der Verteilung und Häufigkeit der Niederschläge in den pliothermen Perioden die außertropischen Zonen, und zwar aus folgenden Gründen:

Die durch das zwischen dem Äquator und den Polen in der Höhe bestehende Druckgefälle erzeugten Luftströmungen werden durch die Erdrotation abgelenkt. Der Einfluß dieser, der von der Geschwindigkeit der Luftströmung, der geographischen Breite und noch von weiteren Umständen abhängt, bewirkt es, daß die vom Äquator in höheren Schichten den Polen zuströmenden Luftmassen tatsächlich nur bis etwa 30 oder 35° nach Norden und Süden gelangen, wo sie bereits in einen reinen West-Ost-Strom übergegangen sind und als solcher die Basis eines riesigen Wirbels, einer Zyklone, bilden, deren Achse etwa der Erdachse parallel ist: des Ferrelschen Polarwirbels. Dieses Zirkulationssystem kommt aber jeweils nur im Winter zu voller Ausbildung, wenn der zwischen Äquator und Pol bestehende größere thermische Gradient auch den barischen vergrößert.

Dieser echte Polarwirbel kann aber überhaupt nur dann zu ungestörter Entfaltung kommen, wenn die Erdpole nicht vereist sind. Im andern Falle übt deren Oberflächenbeschaffenheit eine thermische Wirkung in den unteren Schichten der Atmosphäre aus, die der Entstehung hohen Druckes günstig ist. So finden wir denn z. B. heute in der Tat über den beiden vereisten Polargegenden hohen Druck, wenigstens in der Nähe der Erdoberfläche, während, wie die Verhältnisse am Südpol zeigen, die Luftdruckverteilung in etwa 2000 m Höhe bereits in die zyklonale übergeht. Diesem Umstande ist es zu danken, daß das antarktische Hochgebirge mit immer neuen Schneemassen überschüttet wird, welche die Gletscher speisen. Erst in einiger Entfernung von den vergletscherten Polen kommt der „Polarwirbel" an der Erdoberfläche zur Ausbildung, und zwar als subpolare Tiefdruckrinne über dem Südpolarmeer und als die subpolaren nordhemisphärischen Minima: das nordpazifische und das isländische.

In den wärmeren Perioden dagegen konnte sich der Polarwirbel ungestört am Pole auch an der Erdoberfläche entwickeln, aber infolge des geringen thermischen Gradienten zwischen äquatorialen und polaren Breiten mußte die in seinem Bereich stattfindende Zyklonentätigkeit schwächer und räumlich weniger äquatorwärts ausgedehnt sein als heute; letzteres schon aus dem Grunde, weil der Wirbelkern selbst in Polnähe lag und die von den subtropischen Hochdruckgebieten aspirierten Luftströmungen zunächst eine absteigende Tendenz, also föhnigen, d. h. Trockencharakter, besitzen mußten, dessen Wirkungsbereich im Sommer naturgemäß weiter polwärts reichte als im Winter. Es folgt aus alledem, daß die verbreiteten und ergiebigeren Niederschläge polwärts der subtropischen Hochdruckgebiete in der Hauptsache im Winter fallen mußten, wo der Polarwirbel ja verhältnismäßig am stärksten entwickelt war, und zwar fielen sie polwärts wohl um so reichlicher. Sie werden ferner selbst in Nähe der Pole in der Regel in flüssiger Form gefallen sein, denn in den warmen Erdperioden mußten, nach dem Pflanzenwuchs zu urteilen, die Polarwinter im allgemeinen milder gewesen sein, etwa so, wie heutzutage der Nordpolarsommer. Das ist nicht weiter wunderbar, wenn wir bedenken, daß auf Spitzbergen z. B. auch heutzutage im Januar, also inmitten der Polarnacht, kräftige Tauwettereinbrüche erfolgen können.

Trotz der vorherrschenden Winterregen, denen in der Hauptsache die ehedem weite Verbreitung der tertiären immergrünen Wälder der höheren Breiten zuzuschreiben ist, waren aber auch die Sommer daselbst keineswegs regenlos; nur waren die Sommerregen unregelmäßiger und fielen mehr in Gestalt von Gewitterregen. Das Klima hatte also auch in höheren Breiten, namentlich da, wo Landentwicklungen in Form größerer Inseln oder Halbinseln vorhanden waren, im Gegensatz zu heute mehr monsunoiden Charakter.

Wesentlich anders müssen die Witterungs- und Niederschlagsverhältnisse in den miothermen Perioden sich gestaltet haben. W. Ramsay hat gezeigt, daß die Vereisungsperioden in Zeiten eintreten, wo die Erdoberfläche in hohem Grade uneben und deformiert war, während die wärmsten Perioden in Zeiten fielen, wo die Festländer mehr oder weniger eingeebnet waren. Er sucht aber die Erklärung dieser Verhältnisse mit Recht nicht ausschließlich in den Umständen, in denen die Elevationshypothese die Ursachen einer Eiszeit zu erkennen glaubt, sondern vielmehr in der Einwirkung, welche die Beschaffenheit des Reliefs überhaupt auf das Klima ausübt. Denn die Gebirge wirken auch temperaturerniedrigend, ohne daß es zu einer Vereisung zu kommen braucht. Die Gebirge rufen eine lebhaftere Zirkulation der Luft dadurch hervor, daß ein gezwungenes Aufsteigen der Luftmassen stattfindet, wodurch die Wärmeabfuhr durch Konvektion verstärkt wird. Sodann tritt vermehrte Häufigkeit und Menge der Niederschläge ein, wodurch mehr Verdampfungswärme gebunden wird, um bei der Kondensation des Wassers in der Höhe für die unteren Luftschichten zum größten

Teil verlorenzugehen. Aus diesen Gründen müssen die Wärmeverhältnisse auf einer eingeebneten Erdoberfläche einförmiger und positiver sein als im gebirgigen Terrain.

Die Verlagerung der Drehungspole bzw. die Bewegungen der Erdkruste:

So sehr demnach auch die Konfiguration der Kontinente auf die Luftdruck- und Temperaturverteilung zeitweilig (jahreszeitlich) modifizierend einwirkt, so haben diese Wirkungen auf die großen, auf physikalischen Grundsätzen beruhenden atmosphärischen Bewegungen doch auch ihre Grenzen. Denn nicht nur geographisch, sondern auch geologisch bilden eben vor allem die Wüstengürtel einen der beständigsten Gesichtszüge unserer Erde.

Da aber die Klimagürtel der Erde senkrecht zur Erdachse angeordnet sind, so muß es auffallen, wenn im Laufe der geologischen Epochen die Windzonen, vor allem das Passatwindsystem, erhebliche Wanderungen über bedeutende Strecken des Erdballs zurückgelegt zu haben scheint, und zwar in einer deutlicheren Weise, als sie die jeweilige Konfiguration der Kontinente allein zu bewirken vermochte.

Aus diesem Grunde scheint dem Klimatologen und Meteorologen die Theorie von Polverschiebungen, bzw. Verlagerungen großer Gebiete auf der Erde im Laufe der geologischen Perioden einfach unumgänglich.

Zuerst käme in Frage die Verlagerung der Drehungspole selbst. Da, wie gesagt, die irdischen Klimagürtel senkrecht zur Erdachse angeordnet sind, muß jede Polverschiebung auch ein Wandern der Klimagrenzen zur Folge haben. Das System der sieben Klimagebiete, ihre gegenseitigen Beziehungen und Kontraste werden dadurch nur wenig beeinflußt, aber der Äquator schneidet andere Länder, und die Wüsten bedecken vorher niederschlagsreichere Gebiete.

Durch diese Art von Achsenbewegung können zwar große Veränderungen der Unterschiede zwischen den Temperaturen der extremen Jahreszeiten veranlaßt werden, niemals aber führen sie zu einer Änderung in der Richtung der Zonen, sondern nur in deren Breite. Das Klima aller Orte des Äquators würde sich relativ gar nicht ändern, ebenso wäre das Klima auf jedem Breitenkreise charakteristisch für ihn und von dem des Äquators verschieden; auch könnten niemals Orte von verschiedener Breite dasselbe Klima besitzen, oder solche von gleicher Breite ein verschiedenes, vorausgesetzt natürlich, daß wir alle Einflüsse von Wasser und Land eliminieren.

Ganz anders verhält es sich mit der zweiten Art von Achsenänderungen innerhalb der Erde. Verschiebt man nämlich die Erde gegen die festbleibende Achse, so daß sie gleichsam nach immer anderen Richtungen auf dieselbe gespießt würde, so ist klar, daß dabei allein die Klimate der Erde in Beziehung auf die Achse unverändert blieben, es kämen aber immer andere Punkte der Erdoberfläche in die Nähe der Pole oder unter den Äquator [1]).

Im ersteren Falle müssen also mit anderen Worten die Änderungen bei Bewegungen der Erdachse für Antipodenpunkte entgegengesetzter Art sein, aber im anderen Falle ist das bei einer Verschiebung der Erdkruste gegenüber dem Erdkern nicht unbedingt erforderlich.

Welcher Art von diesen Verschiebungen kommt nun die größere Wahrscheinlichkeit zu?

Die permokarbone Vergletscherung.

Was die erstere Hypothese anlangt, so hat für die permokarbone Eiszeit, die ihren Hauptsitz in den heutigen Tropen-

[1]) J. Walther, Geschichte der Erde und des Lebens.

gegenden der Osthalbkugel hatte, bereits Neumayr betont, daß, wie man auch immer die Erdachse drehen und wenden mag, stets verschiedene Teile der großen permokarbonen Gletschergebiete in die Äquatorialzone fallen würden; ja man käme schließlich zu dem widersinnigsten aller Schlüsse, daß die Polargegenden damals warmes und die Äquatorialgegenden kaltes Klima gehabt hätten. Ganz anders aber ist es, wenn wir den zweiten Fall annehmen. Die Antipodenpunkte der drei Gebiete permokarboner Vergletscherung fallen ins Meer: in den nördlichen und südlichen Stillen Ozean und in den nördlichen Atlantischen; sie gewähren also kein Material zur Entscheidung unserer Frage; aber im Dreieck zwischen jenen drei Antipodenpunkten liegt Land, nämlich Mittelamerika, und hier ist nicht die leiseste Spur einer permokarbonen Vergletscherung zu finden.

Es ist selbstverständlich, daß sich jede Abkühlung des irdischen Klimas zuerst und am deutlichsten an den Polen oder doch an klimatisch sehr ungünstigen Stellen in nicht allzuweiter Entfernung von diesen zeigen muß. Es ist daher ausgeschlossen, daß jemals auf der Erde eine Abkühlung, die zur Bildung großer Binnenlandeismassen, deren Enden z. T. ins Meer fallen, führen mußte, in den Tropen oder gar in den trockenen Passatzonen ihren Anfang hätte nehmen oder auf diese hätte beschränkt bleiben können, während die höheren Breiten überhaupt nicht merklich von jener Abkühlung betroffen worden wären. Auch wäre es gar nicht einzusehen, warum sich gerade die Tropen abgekühlt haben sollten bis zum nivalen Klima selbst in manchen Teilen ihrer Niederungen, während doch die Polargegenden gar nicht kalt gewesen wären, also auch den Ozean gar nicht stärker hätten abkühlen können. Eine tropische Vergletscherung nach Analogie der polaren Vereisungen mit zu gewissen Zeiten des Jahres tief unter dem Gefrierpunkt liegenden Temperaturen, wie es in den permokarbonen Gletschergebieten z. T. selbst im Meeresniveau der Fall war, ist bei der heute der Erde von der Sonne zugestrahlten Wärmemenge undenkbar. Denn um unter den gegenwärtigen geographischen Verhältnissen auf einem so ungeheuren Gebiete große Inlandeismassen, die selbst innerhalb der Wendekreise stellenweise unter Begleitung starker Frosterscheinungen das Meer erreicht hätten, ins Dasein zu rufen, mußte die heutige Schneegrenze vielfach über 3000 m herabgesenkt werden, so daß nur wenige Teile der Erdoberfläche einer allgemeinen Vereisung entgangen wären.

Wir dürfen daher sagen, daß die Bewegung der Erdkruste in horizontalem Sinne als eine ernsthaft in Erwägung zu ziehende Arbeitshypothese ins Auge gefaßt werden muß. Und in diesem Sinne gewinnt die Wegenersche Theorie der Kontinentalverschiebungen den höchsten Wert einer Arbeitshypothese. Nach Wegener aber läßt die ganze Florengliederung des Karbons keine andere Möglichkeit zu, als daß der große Steinkohlengürtel der Erde, der sich von den Appalachen Nordamerikas über Mitteleuropa nach China hinzieht, der äquatorialen Regenzone des Permokarbons entsprach, während das vereiste Kapland Südafrikas in unmittelbare Nähe des damaligen Südpoles fiel, in dessen Umgebung Südamerika, Vorderindien und Australien konzentrisch zusammenrücken. Soweit die Eisdecken zur Permeiszeit bis zur Küste reichten, muß sich nach Walther damals der Polarkreis ausgedehnt haben, und es ist in hohem Maße bemerkenswert, daß sich nach Walther in Australien drei Tillite überlagern, daß also hier drei permische „Eiszeiten" unterschieden werden können.

Die Tertiärzeit.

In gleichem Maße gilt das Gesagte auch für die Klima-Eigentümlichkeiten im Tertiär. Für die fragliche Lage des

Nordpols zur Tertiärzeit ist das Wort des englischen Geologen Houghton sehr bezeichnend: „Der Pol ist von einem Ringe von Pflanzen umgeben, aus dem er ebensowenig entkommen kann, wie eine Ratte aus einer Falle, die rings von Dachshunden umstellt ist.“ Innerhalb eines gewissen Raumes müßte also der Nordpol zur Tertiärzeit geschwankt haben. Vor allem haben die auf der dem östlichen Asien entgegengesetzten Seite liegenden Pflanzenfunde der Tertiärzeit den Gedanken einer Polverschiebung hervorgerufen.

Verlegt man den Pol um etwa 20 Grade, so daß er in 70° n. Br. und 120 östl. Länge fällt, so würde die Flora der neusibirischen Inseln mit einer ausgesprochen nordischen Tertiärflora unter mehr als 80° n. Br. zu liegen kommen, die Flora von Kamtschatka, von Amurland und Sachalin mit etwas wärmerem Charakter unter 68—67°, während die Floren, die auf ein erheblich wärmeres Klima hindeuten, wie die von Spitzbergen, Grinell-Land, Grönland usw. außerhalb des Polarkreises in etwa 64, 62, 53—51° fallen würden. Denn es zeigt sich, daß nirgends die tertiären Pflanzen so weit nach Norden reichen, und trotz dieser Lage verhältnismäßig so entschieden auf wärmeres Klima verweisen als eben in dem Quadranten, in welchem Grinell-Land, Grönland und Spitzbergen liegen; gehen wir dagegen in den gegenüberliegenden Quadranten, so finden wir genau den entgegengesetzten Fall; ja, die Tertiärpflanzen in Alaska im nordwestlichsten Nordamerika tragen unter 60° n. Br. den Charakter einer südlichen Flora kaum in höherem Grade, als die von Spitzbergen unter 78°. Ferner weisen die Tertiär-Ablagerungen der Vereinigten Staaten von Nordamerika mit ihrer Flora durchaus nicht auf eine so wesentlich gesteigerte Temperatur wie in Europa hin, ja, die fossilen Pflanzen aus den wahrscheinlich miozänen und pliozänen Ablagerungen Japans weisen geradezu auf ein kälteres Klima als das heutige.

So hätte eine während der ganzen Tertiärperiode im Westen der Alten Welt stattfindende kontinuierliche Bewegung der Erdkruste nach dem Äquator zu außer dem Zurückweichen der Isothermen noch zur Folge haben können, daß sich auch allmählich die Flora nach ihren jetzigen Verbreitungsgebieten zurückgezogen, daß also ein nach dem Äquator gerichtetes Zurückweichen der bis dahin anscheinend auch in hohen Breiten gedeihenden Formen stattfand. Das Resultat dieser Erscheinung wäre, daß z. B. in Zentraleuropa auf die tropische und subtropische („indisch-australische") Flora des Eozäns die subtropische („mittelamerikanische") Flora des Oligozäns und Miozäns, und auf diese die gemäßigte mediterraneische Flora des Pliozäns folgte, daß also die Floren ein und derselben Tertiärablagerung allmählich ihren tropischen Charakter in Europa verlieren und den eines gemäßigten Klimas annehmen.

Bei den an den Boden gefesselten Pflanzen geben sich die Wirkungen klimatischer Veränderungen durchgreifender und augenfälliger zu erkennen, als bei der Tierwelt, jedoch finden sie auch in dieser, und zwar namentlich in der Aufeinanderfolge der Meeresfaunen ihren unzweideutigen Ausdruck. So enthalten die untersten Ablagerungen des englischen Tertiärbeckens, die Londontone, die Fauna tropischer und subtropischer Meere, seine obersten Schichten der Mehrzahl nach die Mollusken der England bespülenden See, anfänglich noch mit denen südlicher Breiten gemischt, später dieselben ganz verdrängend, eine Erscheinung, die sich überall in unseren Breiten, wo die tertiären Schichtenreihen vollständig entwickelt sind, wiederholt. Diese Tatsachen sind offenbar der Annahme einer Verschiebung des Nordpols zunächst außerordentlich günstig. Denn auf diese Weise würde die Beschaffenheit der fossilen Floren in vollständigem Einklange mit ihrer Lage zum angenommenen Pole stehen. Jedenfalls würden die Floren, die immergrüne Laubbäume besessen haben, alle außerhalb des Polarkreises zu liegen kommen. Es kommt hinzu, daß die tiergeographischen Verhältnisse der Südhalbkugel ebenfalls eine Verlagerung der Erdachse nach Kolbe[1]) in vordiluvialer Zeit gebieterisch fordern. In der Tatsache jedoch, daß die im Umkreise des korrespondierenden hypothetischen Südpoles, welchem Südamerika damals näher gerückt gewesen wäre, unter 37° bei Coronel in Chile und bei Putosi unter 19° 21 s. Br. gesammelten Tertiärpflanzen direkt für ein tropisches Klima zur gleichen Zeit sprechen[2]), muß man ein Analogon zu den Verhältnissen im Permokarbon erblicken und wird so in der Ansicht bestärkt, daß große Bewegungen der Erdkruste in horizontalem Sinne stattgefunden haben müssen. So scheint nach A. Wegener[3]) der Südpol in der Tat im Tertiär nahe der Südspitze Südamerikas gelegen zu haben und die daselbst für höhere Wärme sprechenden Fossilien wären diluvial, da nach Wegener der Pol damals südlich von Australien lag.

Welche Stellung wir dem Nordpole auch anweisen mögen, jedenfalls liegen ihm Lokalitäten, an welchen üppiger tertiärer Pflanzenwuchs gefunden wurde, weit näher als heute die nördliche Grenze des Baumwuchses, und wenn wir die fossilen Floren Japans und Europas miteinander vergleichen, finden wir, daß die erstere weit mehr nach der Richtung eines wärmeren Klimas von der jetzigen abweicht als die letztere im entgegengesetzten Sinne. So erscheint die Annahme von Polverlagerungen für die Tertiärzeit sowie für frühere

---

[1]) Vgl. auch H. Kolbe, Die Südpolarkontinenttheorie über tiergeographische Verhältnisse auf der Südhemisphäre, Nat.-Wiss. Woschenschr. VIII. Bd., Nr. 29, 1909.

[2]) Vgl. E. Koken, Die Vorwelt und ihre Entwicklungsgeschichte, S. 536 bis 551, sowie E. Kayser, Lehrbuch d. Geologie, 2. Aufl., Bd. I, Stuttgart 1905.

[3]) Entstehung der Kontinente und Ozeane. 2. Aufl. 1920.

Epochen unerläßlich, denn selbst wenn bei einer günstigen Konfiguration der Landmassen in früheren Erdepochen ohne Polverlagerung warme Meeresströmungen bis tief in das Polarmeer hätten hinein gelangen können, so darf man nicht vergessen, daß auf einem durch Strömungen aus den Tropen erwärmten Meere der Luftdruck namentlich im Winter niedrig, auf einem Kontinent höherer Breite aber hoch sein muß. Das Meer hätte also nicht zur Erwärmung des Innern der Kontinente beitragen können, wohl aber zur Abkühlung im Sommer, denn in dieser Jahreszeit wird der Luftdruck, wenigstens zeitweilig, auf dem Kontinent niedriger sein, und es werden daher kühle Seewinde in das Land eindringen.

Denn wenn bei den gegenwärtigen Meeresströmungen schon eine so unbedeutende Kontinentalmasse wie Lappland sich im Winter so stark im Verhältnis zu den umgebenden Meeren abkühlt, wie sehr viel stärker hätte der Kontrast in früheren Perioden sein müssen für den Fall, daß intensivere warme Strömungen das Polarmeer erreichten, südlich davon aber große und dabei sehr unebene Kontinentalmassen lagen? Es können daher die immer mit Vorliebe herangezogenen intensiveren warmen Meeresströmungen das warme Klima der Polargegenden in früheren Erdepochen ebensowenig erklären, wie die Annahme einer wärmeren Sonne und einer größeren Absorption der Sonnenstrahlen durch die Atmosphäre.

Die diluviale Eiszeit.

Auch die meteorologischen Verhältnisse der diluvialen Eiszeit und der Pluvialzeit lassen sich bei Zuhilfenahme der Hypothese einer Polverschiebung in mancher Hinsicht einfacher erklären, wenn wir annehmen, daß der Westen der Alten Welt und der Osten Nordamerikas dem Nordpol näher gelegen haben. Dafür würde auch sprechen, daß Sibirien ein wärmeres Klima zur Eiszeit hatte als heute. Ja, es ist in noch höherem Grade bemerkenswert, daß diluviale Eisdecken auf dem asiatischen Kontinent innerhalb des Polarkreises überhaupt fehlen. Ganz Sibirien und selbst die Nordhälfte von Alaska sind vollkommen eisfrei gewesen im Diluvium. „Schließt man den Polarkreis um einen im mittleren Grönland liegenden Polpunkt," meint J. Walther, „dann wird das Fehlen der Eisdecke in Sibirien leichter verständlich. Wenn man berücksichtigt, daß nach den Forschungen von Nansen, das den heutigen Pol bedeckende Meer durch eine postdiluviale Transgression entstanden ist, und daß die Otolithen von Flachseefischen hier in abnorm tiefem Wasser gefunden werden, dann könnte man wohl erklären, weshalb sich die Eisdecken nicht gegen Sibirien ausdehnten."

„Der Charakter der in interglazialen Zwischenschichten auftretenden Flora, ebenso wie die im Schlund eines sibirischen Mammuts, oder in der Umgebung des Mammuts von Borna gefundenen Blütenpflanzen, zeigt klar, daß dieses ein Bewohner blumenreicher Waldwiesen war, und nur deshalb bis an den Eisrand wanderte, weil die nordischen Eisdecken auf ein klimatisch bodenfremdes Gebiet unaufhaltsam vordrangen." In solch ungewohnter Umgebung ist denn auch aus von Lozinsky näher erörterten Gründen das Mammut in Sibirien ausgestorben. Und weiter fährt J. Walther fort: „Wenn es, wie wir oben andeuteten, wahrscheinlich ist, daß der Pol während der größten Ausdehnung der nordischen Eisdecke etwa in der Mitte von Grönland lag, so mußten natürlich auch die anderen Klimagürtel gegen Sibirien nordwärts verschoben gewesen sein. Als Beleg für diese Auffassung erwähne ich, daß nach C. Schmidt am Nelgato-See unter 70° 70′ große Larixwurzeln, 12 cm dicke Betula- und 18 cm dicke Alnusstämme zusammen mit

Elephas primigenius 400 km nördlich von der heutigen Baumgrenze gefunden werden."

„Nach Czersky sind Reste der Saigaantilope weit im Norden Sibiriens verbreitet, als Zeichen einer Verschiebung des Steppengürtels. Wenn endlich sogar die tropischen Lateritdecken bis nach Kaschgar reichen, dann schließen sich alle diluvialen Klimazonen harmonisch um einen gegen Grönland verlagerten Nordpol."

„Der Südpol mußte sich, in entgegengesetzter Richtung wandernd, etwa unter 135° L. und 75° s. Br. befunden haben. Unter diesen Umständen war es möglich, daß der schneespeichernde Einfluß des Südpolarkreises bis nach der Südinsel von Neuseeland, Tasmanien und sogar bis nach dem Mt. Kosciuszko in Victoria reichte. Tatsächlich finden wir nur auf diesen Stellen die deutlichen Spuren diluvialer Gletscher, während auf dem bei früheren Schneezeiten so stark vereisten Südaustralien keinerlei Zeichen derselben zu sehen sind." In Tasmanien lag übrigens die Schneegrenze im Diluvium 500 bis 600 m tiefer als auf Neuseeland. A. Wegener bemerkt hierzu, daß bei der heutigen, fast gleichen Breite diese Tatsache schwer zu erklären sei, und daß nur die Verschiebungstheorie diese Schwierigkeit beseitigen könne, da nach ihr Tasmanien damals weit südlicher lag als Neuseeland.

Trotz alledem ist die Wirkung der Pluvialzeit in Asien viel geringfügiger als in Afrika. Wie trocken Zentralasien gewesen und geblieben ist, geht vor allem aus der größeren Ausdehnung hervor, welche die Himalajagletscher auf der Südseite des Gebirges besessen haben und in entsprechend geringerem Maße eben heute daselbst noch besitzen. Der Wall des höchsten Gebirges der Erde hat von jeher die Seewinde ihrer Feuchtigkeit beraubt und so die Wüsten und Steppen der größten Erhebung der Erde geschaffen. Dagegen tritt die namentlich für den größten Teil der Nordhemisphäre maßgebende Bedeutung der Pluvialzeit in Vorderasien und Afrika, besonders dem nördlichen Teil dieses Kontinents, sehr deutlich hervor.

Ebenso schwerwiegend wie für die Wahrscheinlichkeit von Polverschiebungen zur Eiszeit sind andererseits aber auch verschiedene Umstände, die gegen eine Verlagerung der Pole zu dieser Epoche sprechen: Vor allem ist die klimatische Eigenart der einzelnen Klimagürtel der Erde auch zur Eiszeit, abgesehen von den Grenzgebieten, durchaus gewahrt geblieben[1]). Wenn auch der geologische Beweis der absoluten Gleichzeitigkeit aller in Frage kommenden Glazialerscheinungen nicht ohne weiteres erbracht werden kann, so spricht doch vor allem der Umstand gegen bedeutendere Breitenänderungen, daß die Kulminations- und Depressionspunkte der heutigen und der eiszeitlichen Schneegrenzen stets untereinander liegen und nicht gegeneinander verschoben sind, da sich sonst beide Schneegrenzen durchschneiden und berühren müßten[2]). Schließlich aber lag der diluviale Vergletscherungspol der Nordhalbkugel genau so exzentrisch im Vergleich zum Nordpol wie es heute der Fall ist, und dieser Umstand ist nach v. Kerner ebenfalls als ein wichtiger Beweis gegen eine größere Polverschiebung anzusehen. Beide Umstände bieten also bezüglich der Eiszeit einige Bedenken gegen die sonst in vieler Hinsicht sehr überzeugende Theorie von den Kontinentalverschiebungen im Sinne Wegeners.

Am unwahrscheinlichsten ist ferner, wie v. Kerner näher erörtert hat, daß auch die Interglazialzeiten einzeln durch entsprechende Polverschiebungen bedingt gewesen seien.

[1]) Vgl. W. R. Eckardt, Der exakte meteorologisch-klimatologische Beweis für die Gleichzeitigkeit der Eiszeit, Pet. Mitt. 1916.
[2]) F. Klute, Über die Ursachen der letzten Eiszeit, Geogr. Zeitschr 1921, H. 9/10.

Dann müßten nicht weniger als 7 große posttertiäre Faltungsperioden nachweisbar sein! Die Vorstellung aber, daß nur die erste Eiszeit durch eine infolge großartiger Massenumlagerungen eingetretene Polarverschiebung verursacht worden sei, und daß dann der Erdball wie ein aus seiner Mittellage gebrachter Körper unter wiederholten Oszillationen in seine ursprüngliche Lage zurückgekehrt sei, wobei die drei folgenden Eiszeiten und die Interglazialzeiten bedingt hatten, nicht jedesmal große Krustenverschiebungen entsprechen müssen — wäre geomechanisch wohl unzulässig, und zugleich eine Verquickung mit der Pendulationstheorie."

Im gesamten Mittelmeergebiet lag die Schneegrenze bedeutend tiefer, besonders tief aber lag sie an den Westküsten der drei südeuropäischen Halbinseln. Es haben im Mittelmeergebiet zur Diluvialzeit wohl ähnliche Zustände geherrscht, wie heute im westlichen Patagonien, in Neuseeland und im südlichen Alaska. Diese Erscheinung ist aber nur zu erklären, wenn zur Eiszeit eine bedeutende Vergrößerung der Niederschläge gegenüber den heute dort fallenden Mengen, namentlich auch im Sommer, eingetreten war.

Wir müssen also für die Eiszeit annehmen, daß die Zugstraßen der barometrischen Minima gegenüber den heutigen derart verschoben waren, daß in Europa neben der Straße I eine der heutigen Straße V analoge, nur noch etwas weiter nach Süden verschobene, vorherrschte, die am meisten frequentiert wurde und so in den Mittelmeerländern reichliche Niederschläge bedingte.

In Afrika erfüllte ein großer Süßwassersee das Becken des Kongo, die Seen anderer afrikanischer Senken wie der Tsadsee und die Gewässer des ostafrikanischen Grabens waren ausgedehnter als jetzt. Das Niltal war ein Sumpfland[1]),

[1]) M. Blanckenhorn, Die Geschichte des Nilstromes in der Tertiär- und Quartärperiode sowie des paläolithischen Menschen in Ägypten, Ztschr. d. Ges. f. Erdkunde zu Berlin 1902, Nr. 8.

und in den heutigen Flußtälern der Wadis und denen der Arabischen Wüste brausten mächtige Ströme herab. Der im Gebiete des heutigen Suezkanals mündende Nil war so wasserreich, daß seine süßen Fluten die mediterranen Meerestiere von der Fauna des Roten Meeres zu trennen vermochten, denn eine Landenge bestand damals noch nicht. Auch das Ghor (das Jordantal) hatte in der Pluvialzeit einen weit bedeutenderen Wasserreichtum und floß nach Südosten in das Rote Meer. Keineswegs ist daher der große Wüstengürtel der Erde seit dem Tertiär vollkommen permanent; wenn auch Spuren einer gewissen Permanenz arider Zustände seit dieser Epoche in ihm zu finden sind, so waren doch seit der Tertiärzeit die nördlichen und südlichen Randgebilde großen Schwankungen unterworfen, besonders eben in Afrika. Diese meteorologischen und hydrologischen Erscheinungen lassen sich aber nach Davis ohne Polverschiebung in dem oben angedeuteten Sinne kaum erklären. Aber auch die gewaltigen Lößablagerungen des südöstlichen Asien sprechen dafür, denn durch eine größere Kontinentalität des Klimas allein, die nach der Theorie von Richthofens durch den damals noch nicht zu Inselreihen eingesunkenen Gebirgsrand Ostasiens bedingt wurde, lassen sich diese wohl nicht erklären.

Die oben angedeutete Theorie aber, daß die diluviale Eiszeit der Nordhemisphäre auch die übrige Klimagebiete des Erdballs, hinsichtlich der Hydrometeore amentlich, beeinflussen konnte, bleibt natürlich bestehen auch bei Annahme von Polverschiebungen oder Wanderungen der Erdkruste.

Das Klima eines Ortes ist zwar, was in allererster Linie Fr. von Kerner an der Hand vortrefflicher methodischer Untersuchungen immer und immer wieder betont hat, nicht allein von seiner geographischen Breite abhängig, sondern es hängt auch sehr von der Verteilung des Festen und Flüssigen ab. Aber die Verteilung von Land und Wasser auf die Wärmeentwicklung an der Erdoberfläche beträgt heute nur ein Drittel bis ein Viertel des Einflusses der geographischen Breite, und wir haben keinen Grund anzunehmen, daß das in der Vorzeit anders gewesen sei. Jedenfalls bildet die Lage der Klimagürtel die Haupterscheinung; sie ist das eigentliche exakte Moment in der ganzen Klimafrage, und daher muß der erste Schritt der Versuch sein, die Pollage aus den Beobachtungen abzuleiten. Das ist gewissermaßen die erste Näherung bei der Lösung des Problems. Erst wenn die ungefähre Pollage gefunden ist, ist es angezeigt, die durch Land und Meer etwa bedingten Abweichungen von den Klimazonen heranzuziehen und auf diese Weise eine zweite Näherung für die Pollage zu erhalten. Das letzte Moment ist bei weitem das schwierigere, weil bezüglich Homotaxie und Isochronie selbst in den einzelnen geologischen Unterperioden sehr große Unterschiede bestehen können. Jedenfalls ist nach A. Wegener die Klimageschichte eines Ortes in der Hauptsache die Geschichte seiner Lage zu den Klimagürteln, vor allem die Geschichte seiner geographischen Breitenlage, und daher ist nach W. Köppen dies Moment überhaupt mit Recht als der rote Faden im Labyrinth der Paläoklimatologie zu betrachten. Sind doch die Differenzen, die wir im Jahresmittel der Lufttemperatur oder auch im Mittel der wärmsten Monate entlang eines Parallels treffen, in allen Breiten weit geringer als die Differenz zwischen den polaren Gebieten und dem Äquator. Entlang des Parallels von etwa 60° N, der durch die größten Landmassen hindurchgeht unddie größten Temperaturgegensätze zeigt, schwankt das Jahresmittel doch nur zwischen + 7° und — 8°, also um 15°, das Mittel des wärmsten Monats zwischen + 8 und 21°, also um nur 13°. Dagegen beträgt die Differenz zwischen dem höchsten Jahresmittel (— 10°) in 80° Br. und dem tiefsten (+ 25°), am Äquator

35°; für den wärmsten Monat sind die betreffenden Zahlen + 4° und + 25°, mithin die Differenz 21°. Der geringste Einfluß der Breite zwischen 80° und 0° Br. ist also im Jahresmittel mehr als doppelt so groß; im wärmsten Monat fast doppelt so groß wie der größte Einfluß der Verteilung von Land und Meer[1]).

Wenn demnach die Erde stets zwei kalte Pole hatte, welche wanderten, und wenn wir trotzdem seit dem Paläozoikum nur zwei Eiszeiten kennen, und zwar je eine solche der nördlichen und südlichen Halbkugel, so ist die Ursache hiervon darin zu erblicken, daß in der ganzen übrigen Zeit, also während des warmen Mesozoikums, der Nordpol im großen Ozean und der Südpol im Meere südlich von Afrika lag und außer Antarktika, des südlichsten Südamerika und allenfalls der Länder um die Beringstraße keine Landmassen innerhalb der beiden Polarkreise gelegen haben. Dazu kommt, daß jede Halbkugel jenseits 45° nur je $^1/_7$ der Erdoberfläche einnimmt, die Zone zwischen 45° n. und s. Br. dagegen die übrigen $^5/_7$. Zu Beginn des Tertiärs wanderte dann der Nordpol aus der Gegend der Alëuten nach Grönland, wo wir ihn im Quartär antreffen, und von da in seine heutige Lage (Köppen-Wegener).

So ist die Theorie von Polverschiebungen, bzw. Krustenbewegungen von bestimmtem Ausmaß unter den feststehenden solaren Klimazonen unseres Planeten hin gewissermaßen ein Postulat der gesamten wissenschaftlichen Erdkunde geworden und darf von keinem Naturforscher mehr ignoriert werden. Ja, sie ist für den mit Paläoklimatologie und Paläontologie sich beschäftigenden Meteorologen wohl in manchen Fällen die beste und einzig mögliche Arbeitshypothese. Denn fast alle anderen Hypothesen und Theorien gipfeln in der

[1]) Vgl. hierüber W. Köppen, Über Änderungen der geogr. Breiten und des Klimas in geolog. Zeit, Geografiska Annaler 1920, H. 4.

Forderung, daß entweder die Gesetze der Physik der Atmosphäre erst seit dem Diluvium ihre Geltung hätten, oder daß die Organismen, insonderheit die pflanzlichen, unter ganz andern klimatischen Bedingungen hätten leben können, als in der Gegenwart. Wir dürfen aber nicht nach konstruktiver Phantasie, sondern wir müssen durch die Beobachtung der jetzt auf der Erde sich vollziehenden und damit der Kritik nicht verschlossenen Vorgänge die Dinge zu erklären suchen.

Bei solchen Verschiebungen der Erdkruste mußte freilich die in den einzelnen geologischen Perioden jeweilige Konfiguration der Kontinente ihren stark modifizierenden Einfluß bei günstiger oder ungünstiger Verteilung bald in positivem, bald in negativem Sinne auf die Temperaturverteilung in den verschiedenen Zonen geltend machen. So konnte es kommen, daß in einigen Epochen Eiszeiten, in den anderen heiße Wüstenperioden oder feuchtwarme Äquatorialklimate dem Antlitz der Erde in den betreffenden Zeitaltern ihr charakteristisches Gepräge aufdrückten. Nicht die hypothetische Änderung der Strahlungsintensität der Sonne wäre demnach die Ursache der Eiszeiten und Wüstenperioden, sondern die jeweilige Verteilung des Festen und Flüssigen auf der Erde wäre, so paradox dieser Satz zuerst auch klingen mag, in gewissem Sinne Ursache der anscheinend größeren oder geringeren Sonnenwärme. Ursache und Wirkung wären demnach vertauscht.

Nun erst vermögen wir die großen klimatischen Gesichtspunkte richtig zu verstehen, die sich uns in großen Zügen in der Entwicklungsgeschichte des Lebens zeigen, und auf die kurz aufmerksam zu machen wir auch an dieser Stelle nicht verfehlen wollen:

Es ist ein Grundzug der organischen Schöpfung, daß sie sich von der Sonnenwärme immer freier zu machen sucht. Man braucht nur an die beiden höchsten Klassen zu denken, an die Säugetiere und Vögel. Diese allein haben den Vorzug, daß sie von der äußeren Temperatur unabhängig sind, indem sie als homöotherme Tiere die Fähigkeit erlangt haben, ihre Körpertemperatur zumeist unausgesetzt auf demselben Niveau zu erhalten. Wahrscheinlich ist alles Leben aus dem Wasser ans Land gestiegen. Denn die Emanzipation vom Wasser und dann vom Sumpf ist nicht nur die Geschichte der Tierwelt, sondern auch der vegetabilischen Organismen. Die Karbonflora war zum weitaus größten Teil noch rein amphibischer Natur. Auch die höhere Tierwelt hat im Wasser oder an der Küste ihren Ursprung genommen und bevölkert als Amphibien bereits im Paläozoikum die Küstengegenden der Festländer, als Reptilien im Mesozoikum auch die trockneren Binnenlandstriche. Aber die Existenz dieser Tierwelt ist doch durchweg immer noch eng an das nasse Element oder doch wenigstens an einen üppigen Pflanzenwuchs gebunden, der sich eben seinerseits wiederum nur an feuchteren Lokalitäten vorfindet: in den Küstengegenden, den Ufern der Seen, in sumpfigen Niederungen und Flußtälern. Nur in der Nähe des Wassers waren die nötigen Bedingungen zum Unterschlupf gegen alle kontinentalen Einflüsse am ehesten gegeben für eine mit wechselwarmem Blute ausgestattete Tierwelt, die für größere klimatische Gegensätze sehr empfindlich sein mußte. Diese Eigenschaft der Tierwelt, oder besser gesagt, der Großtierwelt, verliert sich aber mit zunehmender Anpassung der betreffenden Organismen, vor allem auch der vegetabilischen, an alle kontinentalen Gegensätze, also vor allem auch an das Klima der großen Kontinentalmassen, die den weiten lebenerhaltenden Raum der Organismen im „Kampf ums Dasein" darboten. Es entstehen die Warmblütler: die Säugetiere und Vögel, in der Pflanzenwelt die ausgeprägten Xerophyten und Tropophyten. Gleichzeitig geht die Artenzahl der großen Reptilien zurück, zunächst namentlich in den mit einem kontinentalen Klima ausgestatteten Ländern höherer Breiten, und die Warmblütler treten an die Stelle jener. Trotzdem stirbt die Amphibien- und Reptilienwelt nicht aus, aber die „Entstehung der Arten" weist die Tatsache auf, daß die Individuen, indem sie dem Eroberungszuge der Pflanzenwelt über die kontinentalen Landmassen hin folgen, im allgemeinen an Größe abnehmen, weil die Bedingungen des Unterschlupfes mit zunehmender Kontinentalität schlechter werden, während sie sich zum Zwecke der Erhaltung einer solchen stenothermen Tierwelt in jenen Gegenden verbessern müßten.

Wenn die Wahrscheinlichkeit, in einer fossilen Ablagerung Spuren eines warmen, tropischen Klimas zu finden, zwei- bis sechsmal größer ist als bei den Symptomen eines gemäßigten und kalten, so ist es schon in Anbetracht dieser Tatsache kein Wunder, wenn tatsächlich weitaus die meisten Fossilien den Charakter solcher Typen tragen, welche heute für die heißen Gegenden charakteristisch sind. Aber man darf nicht vergessen, daß daneben, allerdings weniger häufig, auch der entgegengesetzte Fall eintritt. So ist in allen älteren Formationen eine Abteilung der Bryozoen oder Mooskorallen, die Gruppe der Zyklostomen überaus verbreitet, welche jetzt ganz vorwiegend in den polaren Meeren lebt. Die in den mesozoischen Ablagerungen so überaus häufige und verbreitete Muschelgattung Astarte ist heute fast ganz auf die kalten Meere beschränkt, und hier findet sich auch der letzte Vertreter der früher vielfach verbreiteten Gruppe Cyprina; die schon im Silur häufige und namentlich in Jura und Kreide in zahlloser Menge auftretende Brachiopodensippe Rhynchonella ist jetzt hochnordisch, und die Haifischgattung Selache, welche jetzt auf die grönländischen Gewässer beschränkt ist, findet sich in den Kreideablagerungen weit südlicherer Gegenden.

Solche durchaus nicht vereinzelte Fälle lehren jedenfalls

mit untrüglicher Sicherheit, daß die tierischen und auch die pflanzlichen Typen nicht unabänderlich auf dieselben äußeren Verhältnisse und namentlich auf bestimmte Wärmegrade angewiesen sind, sondern daß sie sich akklimatisieren.

Die Pendulationstheorie und die geologischen Klimate [1]).

Nach der Pendulationstheorie hat die Erde außer ihren beiden Drehungspolen noch zwei feste Pole, Ecuador und Sumatra, zwischen denen sie langsam hin und her pendelt, daß also die Erdachse nicht immer in gleicher Lage bleibt, sondern sich in bezeichneter Richtung verschiebt. Jede Pendelschwingung entspricht einer geologischen Periode. Der Ausschlag beträgt jedesmal 30—40°. Er ist am stärksten auf einem Meridian, der die Erde in eine westliche und östliche Halbkugel so zerlegt, daß die Schwingpole Ecuador und Sumatra deren Mittelpunkte bilden. Dieser „Schwingungskreis“ ist genau der 10° östl. L. v. Gr., der die Alpen in der oberen Rheinlinie in West- und Ostalpen scheidet. Wir schwankten nun in der paläozoischen Periode nach Norden und kamen im Perm in die erste Eiszeitlage. Während der mesozoischen Periode pendelten wir nach Süden, wo wir in der Kreide subtropisches Klima hatten. Im Tertiär bewegten wir uns wieder nach Norden, bis wir im Diluvium in die zweite Eiszeitlage kamen. Seitdem schwanken wir wieder nach Süden. Diesen Pendelbewegungen muß natürlich auch das Wasser der Ozeane folgen; es muß von den Polen abfließen und sich am Äquator aufstauen. So müssen große Teile der Kontinente abwechselnd untertauchen, bald auch wieder aus dem Wasser hervortreten.

In diesen rein mechanischen Verschiebungen, welche die Lebewesen fortwährend unter andere Sonnenstellung und

---

[1]) Vgl. H. Simroth, Die Pendulationstheorie, Berlin, Konrad Grethlein's Verlag, 2. Aufl. 1914, XII, 597 S. gr. 8°.

anderes Klima bringen, wäre demnach das ganze Geheimnis der organischen Schöpfung zu suchen. Diese hatte ihren hauptsächlichsten Schauplatz in Europa genau unter dem Schwingungskreis, und zwar erfolgte die Hauptumbildung jedesmal bei polarer Schwingungsphase, wenn wir uns nach Norden verlegten. Der allgemeine Gang der Umwandlung ist der: die Lebewesen werden bei uns in polarer Phase immer weiter nach Norden verlegt. Sind sie nicht fähig, niedere Wärmegrade zu ertragen oder sich umzuwandeln, so sterben sie entweder aus, oder sie wandern, wenn sie beweglich genug dazu sind, nach Westen und Osten auf dem ihnen zusagenden Breitengrade. Die Richtungen werden, da sich das Land gewissermaßen unter ihnen immer weiter nach Norden verlegt, genauer eine südwestliche und südöstliche. So erfolgt die Verbreitung über die ganze Erde. Diejenigen Tiere aber, die anpassungsfähig waren, machen unter entsprechenden Umwandlungen die nordwärts gerichtete Bewegung unter dem Schwingungskreise mit und werden zu neuen Arten. Bei weiterer Verschiebung vollzieht sich derselbe Vorgang, Auswanderung nach beiden Seiten, Neubildungen in der Mitte. Nach dem Umschlag in die entgegengesetzte Schwingungsrichtung, in die äquatoriale Phase also, wandern die Ost- und Westformen in entsprechender Gesetzmäßigkeit wieder zurück in die alte Lage, dem Schwingungskreise zu, soweit sie beweglich dazu sind.

So vollzieht sich nach der Pendulationstheorie das ganze Schema der Artenbildung und Artenverbreitung unter dem Einflusse des Klimas.

Eine weitere Folgerung dieser Theorie wäre aber, daß die geologischen Epochen, die Schichten, welche die gleiche Lebewelt enthalten, nicht im bisherigen Sinne der Geologie im wesentlichen als synchronisch zu nehmen seien, sondern als Wellen, welche von uns aus über die Erde weggehen, um schließlich allmählich an den entferntesten Punkten auszuklingen.

Wenn auch die Pendulationstheorie auf viele bisher für unlösbar gehaltene Schwierigkeiten in der geologischen Verbreitung der Organismen ein ganz neues Licht wirft, und auch zu einem guten Teil die paläoklimatologischen Tatsachen sich mit ihr in Einklang bringen lassen, so vermag sie doch nicht alle Eigentümlichkeiten der geologischen Klimate zu erklären, zum mindesten nicht allein. Ja, es stehen die Klimaverhältnisse mancher geologischer Epochen in direktem Gegensatz zu ihr. So müßten z. B. nach der Pendulationstheorie die Gegenden der beiden Schwingpole, Ecuador und Sumatra, stets in tropischem Gebiet gelegen haben. Das mag wohl für Ecuador seine Gültigkeit haben; von Sumatra aber wissen wir, daß es im Permokarbon nicht unter der Herrschaft eines Tropenklimas gestanden haben kann, wenn sich in seiner Nähe die großen paläozoischen Vereisungszentren finden. Ferner aber hatten wir in Europa im Permokarbon, wie oben gezeigt wurde, keine typische Eiszeitlage, sondern es herrschte daselbst in der Hauptsache ein Steppenklima, später sogar ein heißes Wüstenklima. Selbst wenn sich daher auch die Existenz der Schwingpole einst noch beweisen lassen dürfte, was jedoch zum mindesten sehr unwahrscheinlich ist, so werden wir trotzdem an der für die gesamte Geographie und Geologie hochwichtigen Theorie festhalten müssen, daß große Verschiebungen der Erdkruste in horizontalem Sinne für gewisse Eigentümlichkeiten der geologischen Klimate ein notwendiges Postulat sind.

Kosmische Ursachen terrestrischer Klimaperioden[1]).

Wir wenden uns nunmehr den periodisch wirkenden kos-

[1]) Vgl. hierüber Hann, Handbuch der Klimatologie, 3. Aufl., Bd. I, S. 364 ff. und die hier zitierte Literatur, vor allem aber N. Ekholm,

mischen Ursachen terrestrischer Klimaschwankungen zu, soweit sich diese in ihren Wirkungen auch dem Maße nach abschätzen lassen.

Von den periodischen Veränderungen der Bahnelemente der Erde kommen in Betracht: 1. die Änderungen in der Schiefe der Ekliptik, 2. die Oszillationen in der Größe der Exzentrizität der Erdbahn und 3. die aus der Präzession der Tag- und Nachtgleichen resultierende Länge der Jahreszeiten, welche bald für die eine, bald für die andere Hemisphäre ein kürzeres Sommerhalbjahr und längeres Winterhalbjahr zur Folge hat.

Die Schiefe der Ekliptik.

Das Klima eines bestimmten Ortes würde sich im Laufe eines Jahres gar nicht ändern, wenn die Erdachse stets genau senkrecht zur Ebene ihres Weges um die Sonne stünde. Da jedoch die Erdachse auf ihrer Umdrehungsbahn um die Sonne um 23° von ihr abweicht (Ekliptik), verschieben sich die Klimazonen in jedem Jahre um diesen Betrag bald auf der südlichen, bald auf der nördlichen Halbkugel gegen den Pol und es entsteht die Erscheinung von Sommer und Winter. Denn die Licht- und Wärmestrahlen der Sonne treffen in paralleler Richtung auf die Erdoberfläche und während sie am Äquator ihre ganze Kraft entfalten können, mindert sich diese mit zunehmender geographischer Breite. So bewirkt die von 21—27° wechselnde Schiefe der Erdachse (Ekliptik) besonders in den mittleren und höheren Breiten einen ausgesprochenen Wechsel der Jahreszeiten. Diese Verhältnisse aber können

---

Variations on the climate, Quart. Journ. R. Met. S. 27, 1901. Ferner Adhémar, Les révolutions de la mer, déluges périodiques, Paris 1842 sowie James Croll, On the physical cause of the change of climate during geological epochs, Philos. Mag. 28, 1864. Ferner: Derselbe, Climate and time in their geological relations, a theory of secular changer of the earth's climate, London 1875. Ferner in: Discussions on climate and cosmology, London 1889.

auch in früheren Epochen nicht wesentlich andere gewesen sein, da viele oben geschilderte Symptome für einen ausgeprägten Jahreszeitwechsel auch in früheren Perioden sprechen. Aber neben diesen jährlich wiederkehrenden Schwankungen der Erdachse gibt es noch eine Veränderung der Achsenstellung von wesentlich längerer Periode. Infolge der Anziehung von Sonne und Mond beschreibt die Erdachse im Laufe von 26 000 Jahren einen Kreis, dessen Halbmesser gleich der Schiefe der Ekliptik ist. Während die Schiefe der Ekliptik jetzt 23° beträgt, war sie um das Jahr 29 400 v. Chr. sogar 27° und um 14 400 v. Chr. nur 21°.

Beim Minimum der Schiefe der Ekliptik ist das Winterhalbjahr in höheren Breiten natürlich etwas wärmer, das Sommerhalbjahr kälter, umgekehrt verhält es sich bei dem Maximum der Schiefe der Ekliptik.

Die Exzentrizität der Erdbahn.

Was nun ferner die Exzentrizität der Erdbahn anlangt, so hat jene Hemisphäre, deren Winter in das Perihelium der Erdbahn fällt, ein gemäßigtes solares Klima, eine geringere Jahresschwankung der Wärme, während die andere Halbkugel gleichzeitig ein exzessives solares Klima mit einer größeren Jahresschwankung aufzuweisen hat. Bei der gegenwärtigen Exzentrizität der Erdbahn ($^1/_6$) ist jedoch die ungleiche Verteilung von Wasser und Land auf den beiden Halbkugeln von so großem Einfluß auf die Klimate, daß diese theoretischen Verhältnisse nicht nur nicht in Erscheinung treten, sondern daß das reale Klima in geradem Gegensatz zum solaren Klima steht. Die nödliche (Land-) Hemisphäre, deren Winter mit dem Perihelium zusammenfällt, hat ein sehr exzessives, die südliche (Wasser-) Hemisphäre hat ein sehr gemäßigtes Klima. Daraus darf man schließen, daß selbst eine extreme Exzentrizität der Erdbahn die jetzt bestehenden klimatischen Unterschiede der beiden Halbkugeln nicht ganz aufzuheben imstande sein dürfte, sondern daß sie in dem einen Falle (Winter der nördlichen Halbkugel wie jetzt im Perihelium) sich bloß abschwächen, in dem andern verschärfen würden. Die ungleiche Verteilung von Wasser und Land auf den beiden Halbkugeln ist ein für allemal der mächtigste klimatische Faktor, und die gegenwärtig bestehenden Unterschiede in der Wärmeverteilung auf den beiden Halbkugeln sind nicht auf die Exzentrizität der Erdbahn, sondern auf die verschiedene Wärmekapazität und Reflexionsfähigkeit des Wassers und der Landmassen zurückzuführen. Es geht daher schon aus diesen Tatsachen mit Sicherheit hervor, daß die von Croll gegebene Erklärung des Unterschiedes der Wärmeverhältnisse der beiden Halbkugeln nicht richtig sein kann.

Unterschied in der Dauer der Jahreszeiten.

Eine große Exzentrizität der Erdbahn hat aber noch eine andere bedeutsame Konsequenz; sie kann große Unterschiede zwischen der Dauer des Winter- und Sommerhalbjahres bewirken.

Da der Frühlingspunkt in 21 000 Jahren wieder in seine frühere Lage zurückgelangt, so hat während etwa 10 000 Jahre die eine Hemisphäre den langen Winter und den kurzen Sommer, während der nächsten 10 000 Jahre tritt dies für die andere Hemisphäre ein.

Da die Zeiten, während welcher die Exzentrizität der Erdbahn bei einem maximalen Wert sich hält, sehr viel länger sind als diese Periode, so treten immer während einer Periode großer Exzentrizität diese Ungleichheiten in der Dauer der Jahreszeiten mehrmals ein und treffen die beiden Hemisphären im entgegengesetzten Sinne.

Kritik der kosmischen Ursachen terrestrischer Klimaperioden.

Auf diese periodisch wiederkehrenden, zeitweilig bis zu einem hohen Betrage anwachsenden Unterschiede, in der Dauer des Sommer- und Winterhalbjahres sind verschiedene Theorien über große Klimawechsel, welche die beiden Hemisphären stets in entgegengesetztem Sinne treffen, gegründet worden.

Gegen die Anwendung dieser Theorien auf die diluviale Eiszeit läßt sich zunächst einwenden, daß die bekannten gegenwärtigen klimatischen Verhältnisse der beiden Halbkugeln entschieden dagegen sprechen, eine so enorme Verschlechterung des Klimas auf jener Hemisphäre anzunehmen, welche den (langen) Winter im Aphelium hat. So kommen wir zu dem Schluß, daß die in sehr geschickter Weise und auf rein klimatologischer Grundlage aufgebaute Theorie der großen Klimawechsel zwischen den beiden Hemisphären und der daraus resultierenden Eiszeiten unseren gegenwärtigen klimatologischen Erfahrungen widerspricht und sich als unhaltbar erweist. Denn wäre jene Theorie richtig, dann müßten sich eben eine ganze Reihe von im Laufe der Erdgeschichte eingetretener und wieder verschwundener Vereisungen nachweisen lassen. Mit Sicherheit sind aber bis jetzt nur zwei Eiszeiten, die paläozoische und die quartäre nachgewiesen worden. Daß die Spuren früherer Eiszeiten verwischt wären, oder als submarin uns nicht zugänglich seien, kann auch nicht ohne weiteres behauptet werden, nachdem uns doch die paläozoische und quartäre Eiszeit so deutliche und zahlreiche Spuren hinterlassen haben. Diese Gründe zeigen zur Genüge, daß die Theorie Crolls nicht haltbar ist. Ferner dürften, wenn die Crollsche Theorie richtig wäre, die Äquatorialgegenden, deren Klima sich im Jahresmittel annähernd gleich blieb, überhaupt keine glazialen Spuren aufweisen. Aber auch das ist nicht der Fall. Nach alledem aber müßte, da die bekannten periodischen Änderungen in den Elementen der Erdbahn auf keine bedeutenderen Schwankungen in den terrestrischen Klimaten zu schließen gestatten, vom astronomischen Standpunkte aus eher auf eine gewisse Beständigkeit der irdischen Klimate geschlossen werden. Für die Erklärung eines periodischen Auftretens von „Eiszeiten" sind diese Temperaturänderungen also nicht zu verwerten, denn kältere Sommer sind an sich noch lange kein Zeichen für Eiszeiten.

Wenn sich demnach auch die „astronomische Theorie der Eiszeit" als leistungsunfähig erweist, so scheint doch, da bei der Schiefe der Ekliptik auch die Niederschlagsverhältnisse das Problem zu einem sehr verwickelten machen, auch in den früheren Erdperioden sich ein Einfluß auf das Klima nachweisen zu lassen. Denn es ist eine auffallende Tatsache, daß, wie aus den deutlichen Jahresringen im Salz und Anhydritgestein der permischen Ablagerungen zu Staßfurt hervorgeht, jenes 900 Meter mächtige Gestein in dem relativ kurzen Zeitraum von 10 000 Jahren entstanden sein muß. Sodann deuten verschiedene Pflanzenfunde, namentlich des nördlichen Europa, darauf hin, daß auch den geologischen Zeitraum des Alluviums eine oder mehrere Klimawellen ausfüllen, für die eine irdische Ursache zur Erklärung vollständig genügt.

Eine solche hat man in den Schwankungen der Schiefe der Ekliptik gefunden. Die Erdachse bildet jetzt einen Winkel von $66^1/_2{}^0$ mit der Ebene der Ekliptik. Dieser Winkel schwankt zwischen 68° 1′ und 65° 24′, und zum letztenmal wurde nach den Rechnungen der Astronomen das Minimum (nur 65° 46′) im Jahre 10926 v. Chr. erreicht.

Damals lagen die Polarkreise $^3/_4{}^0$ näher dem Äquator und die Wendekreise um ebensoviel näher den Polen, die polaren und die tropischen Zonen waren also auf Kosten der gemäßigten ausgedehnter als jetzt. Die Wärmezufuhr hängt von dem

Einfallswinkel der Sonnenstrahlen und der Tageslänge ab; sie war damals am Äquator geringer, weil, obwohl die Tageslänge wie jetzt 12 Stunden betrug, der Einfallswinkel der Sonnenstrahlen in den Solstitien um $^3/_4{}^0$ kleiner war. In der gemäßigten Zone waren die Winter zwar kälter, die Sommer aber wärmer, weil in dieser Jahreszeit der Einfallswinkel bis zu $^3/_4{}^0$ größer und der Tag länger war. In der Polarzone fiel die sommerliche Begünstigung wegen der längeren ununterbrochenen Bestrahlung noch mehr ins Gewicht, und das ist für unsere Beweisführung ja besonders wichtig. Für das Jahr 10926 hat man folgende Abweichungen von den gegenwärtigen Temperaturen berechnet:

G. Br.	0°	30°	50°	60°	70°	80°	90°
Winterhalbjahr	—0.2°	—1.2°	—1.0°	—1.1°	0	0	0
Sommerhalbj.	—0.2	+0.5	+1.1	+1.4	+2.4	+3.0	+3.2
Jahr	—0.2	—0.35	+0.05	+0.15	+1.2	+1.5	+1.6

Man sieht also, daß der sommerliche Wert für 70° n. Br. genau mit dem übereinstimmt, den man aus der Verbreitung der Haselnuß in Skandinavien ermittelt hat. Das gleiche ergeben ungefähr auch die frühere Wald- und Baumgrenze, vor allem die Verbreitung der Eiche. Man kann ferner nach den prähistorischen Funden ziemlich gut abschätzen, daß seit dieser letzten warmen Zeit 7000 bis 10 000 Jahre verflossen sind, diese Periode demnach in die letzte Maximumperiode der Schiefe der Ekliptik hineinfiel, für welche Ekholm die Temperaturabweichungen berechnet hat. Es ist demnach mehr als wahrscheinlich, daß, erdgeschichtlich gesprochen, vor so kurzer Zeit die Ursache für diese Erscheinung tatsächlich in erster Linie in den Schwankungen der Schiefe der Ekliptik zu suchen ist. In den vordiluvialen Perioden freilich müssen sich aus naheliegenden Gründen derartige Spuren des solaren Klimas in den für die gesamte Epoche maßgebenden Charaktereigenschaften des Klimas verwischen, und zwar dürfte das um so mehr der Fall sein, je weiter wir in die Erdgeschichte rückwärts schreiten.

Trotzdem ist es Spitaler gelungen, auch nach dieser Richtung hin, einen überzeugenden Beitrag zur Lösung des paläothemalen Problems geliefert zu haben, und zwar in nichts weniger als zur Beleuchtung der Ursache der Interglazialzeiten, die hierdurch zum ersten Male als eine universelle terrestische Erscheinung eine plausibele Erklärung finden.

R. Spitaler[1]) hat an Hand einer Untersuchung von Farland[2]) über die Perihelstörungen und die Exzentrizität die quartäre Vergletscherung in ihrem zeitlichen Verlaufe zu gliedern versucht. Danach stellt sich die zeitliche Gliederung der Eiszeit in den Alpen etwa folgendermaßen dar:

Günz-Eiszeit	von	1 334 400	bis	1 170 000	=	164 000	Jahre
I. Interglazialzeit	„	1 170 000	„	980 000	=	190 000	„
Mindel-Eiszeit	„	980 000	„	800 000	=	180 000	„
II. Interglazialzeit	„	800 000	„	600 000	=	200 000	„
Riß-Eiszeit	„	600 000	„	430 000	=	170 000	„
III. Interglazialzeit	„	430 000	„	230 000	=	200 000	„
Würmeiszeit	„	230 000	„	50 000	=	180 000	„

„In die Zukunft blickend, bemerkt R. Spitaler im Anschluß hieran, ergibt sich aus der Kurve der Exzentrizität, daß wir eine warme Periode von fast $^1/_2$ Million Jahren vor uns haben; um das Jahr 480 000 nach 1850 aber beginnt eine neue jedenfalls sehr große Eiszeit über die Erde hereinzubrechen, wenn nicht etwa tektonische Umgestaltungen sie verhindern, wie es auch in früheren Erdperioden der Fall gewesen zu sein scheint.

In dieser Untersuchung sind nach den Formeln von

[1]) „Das Klima des Eiszeitalters." Prag 1921, Selbstverlag.

[2]) Perihelion and Eccentricity. The American Journal of Science, Third Series, Vol. XX, Art. XIV, 1880. New Haven, Conn.

Le Verrier und Stockwell die Störungen des Perihels und die Exzentrizität für einen Zeitraum von 4 520 000 Jahren, u. zw. 3 260 000 Jahre vor 1850 und 1 260 000 nach 1850 von 10 000 zu 10 000 Jahren berechnet. Spitaler selbst bemerkt hierzu: „Wenn auch die Ausdehnung der Berechnung von Perihelstörung und Exzentrizität auf so große Zeiträume ihre Bedenken hat, so wird es doch von Interesse sein, auf anderem Wege zu untersuchen, wie die warmen und kalten Perioden in diesen Zeiten miteinander abgewechselt haben, und man wird damit jedenfalls einen besseren Einblick in die geologische Zeitrechnung gewinnen, als es bisher auf Grund ganz unsicherer Schätzungen der Fall war."

Es sind jedoch die periodischen Änderungen der Elemente der Erdbahn, wie gesagt, kaum imstande, die klimatischen Eigentümlichkeiten der prädiluvialen Epochen zu erklären, und so rücken die Theorien von Polschwankungen wieder in den Vordergrund.

Zusammenfassung der über das Klima der geologischen Vergangenheit gewonnenen Resultate.

Überblicken wir die hauptsächlichsten Resultate unserer Abhandlung, so können wir folgende Sätze aufstellen:

Eine ausgesprochen periodische Änderung des Klimas ist in der geologischen Vergangenheit ebensowenig nachzuweisen, wie eine gleichsinnige Änderung der klimatischen Faktoren. Denn gleich wie die Pflanzen-, so zeigt auch die Tierwelt unwiderleglich, daß zu verschiedenen geologischen Perioden das Klima und mit ihm die Organismen derselben Gegenden öfters regellos wechselte, und zwar daß nicht gleichmäßig in einem Sinne nur Temperaturabnahmen, sondern dazwischen auch Temperaturzunahmen sich erkennen lassen.

Die Annahme von im Laufe der Erdgeschichte periodisch wiederkehrenden Kältewellen, die die Gesamttemperatur der Erde, sowie die mittlere Temperatur in allen Zonen gleichmäßig um ein bedeutendes Maß herabzusetzen vermögen, ist eine ebenso grundlose und unbeweisbare Voraussetzung, wie die einer in den übrigen vergangenen Erdepochen vom Äquator bis zu den Polen verbreiteten gleichmäßigen Wärme.

Auch folgen weder an der Wende der großen geologischen Zeitalter regelmäßige Eisperioden bzw. eine stärkere Abkühlung, wie sie für die Kreide behauptet wurde, auf Zeiten größerer Sonnenwärme, noch kehren die vermeintlich dem Klima allein zuzuschreibenden günstigen Perioden für Kohlenbildung in regelmäßigem Rhythmus wieder, wie es die Theorie Arrhenius-Frech fordert.

Die Erdgeschichte legt auch nicht Zeugnis ab von einer beständigen Wärmeabnahme an der Erdoberfläche, vielmehr waren bereits im Paläozoikum und vorher mächtige Eisdecken vorhanden, und dieser Umstand allein genügt, um zu beweisen, daß von jeher, so lange es Leben auf der Erde gibt, klimatische Zonenunterschiede bestanden. In erster Linie fällt die alte Auffassung, daß früher die weniger stark vorgeschrittene Abkühlung der Erde und der Sonne die relativ gleichmäßige Verbreitung vieler Organismen bis in arktische Breiten gestattete; braucht man doch wieder nur auf die zahlreichen Gletscherspuren aus paläozoischer Zeit Rücksicht zu nehmen.

Ferner können bei der Sphäroidform des Erdkörpers überhaupt zonale klimatische Unterschiede keineswegs erst ein Merkmal der jüngsten Formationen sein; nur ist es leichter, sie in diesen zu beobachten, weil hier noch die vielen Beziehungen zur heutigen Welt Handhaben bieten.

Freilich darf man annehmen, daß die bisweilen durch verschiedene Ursachen hervorgerufenen Klimaänderungen einander bis zu einem gewissen Grade kompensieren dürften, und es hindert uns nichts, anzunehmen, daß einmal der Fall eintreten konnte, wo sie zufällig einander in gleichsinniger Weise beeinflußten. Man denke an das warme Klima des Mesozoikums und des Tertiärs sowie andererseits an die paläozoische und diluviale Eiszeit. Dann mußten sie zweifellos eine sehr bedeutsame Rolle spielen, die durch eine dieser Veränderungen niemals hervorgebracht werden konnte. Daher darf man nicht erwarten, daß unter allen Umständen eine einzige Theorie den Schlüssel für alle paläoklimatalogischen Probleme bietet. Das würde auch erklären, warum es eben bisher noch nicht gelungen ist, klimatische Änderungen in der Erdgeschichte nach astronomisch genau wiederkehrenden Perioden nachzuweisen.

Das Klima der geologischen Vergangenheit geht unmerklich in das Klima der Gegenwart über, dessen einzelne Zonen unverändert in den heutigen Zuständen bereits zu Beginn der historischen Zeitrechnung festgelegt waren. Über die Klimaänderungen der Gegenwart, die im wesentlichen soviel wie periodische Schwankungen bedeuten, uns näher einzulassen, ist hier nicht am Platze. Ich verweise hier auf folgende nicht nur das Klima der geologischen Vorzeit, sondern auch das Problem der Klimaänderungen in der Gegenwart berücksichtigenden Ausführungen: J. Hann, Handbuch der Klimatologie, 3. Aufl., I. Band, 1908, Sechstes Buch: Klimaänderungen S. 345—389, sowie nochmals auf mein mehrfach zitiertes, in der Sammlung „Die Wissenschaft" erschienenes Bändchen Nr. 31 „Das Klimaproblem der geologischen Vergangenheit und historischen Gegenwart", 1909, und E. Brückner, „Klimaschwankungen seit 1700 nebst Bemerkungen über das Klima der Diluvialzeit".

Wir können hier nur kurz zusammenfassend sagen, daß

eine wesentliche Änderung des gegenwärtigen irdischen Klimas nur möglich ist mit wesentlichen Änderungen der Konfiguration der Kontinente und Meere einerseits und großen horizontalen Verschiebungen der Erdkruste andrerseits. Solche Vorgänge aber geschehen für menschliche Begriffe langsam und unmerklich im Laufe von Äonen. Somit beginnt in jeder Hinsicht mit dem Ablauf der Eiszeit diejenige Gegenwart unseres Planeten, in welcher die physikalischen Faktoren seiner Ausstattung und seines Aussehens keine wesentliche Änderung umgestaltender Art mehr erfuhren, wie überhaupt die physikalischen und chemischen, im weiteren Sinne klimatischen Veränderungen an der Oberfläche unseres Planeten seit undenklichen Zeiten nach denselben unveränderlichen Gesetzen erfolgt sind.

Nach alledem können wir sagen, daß auch das Rätsel des Klimaproblems der Erde sich wie so viele andere dem forschenden Geiste des Menschen mit der Zeit erschließen wird, aber dieser wie jeder andere Erfolg auf wissenschaftlichem Gebiete kann nur durch angestrengteste und geduldigste Arbeit errungen werden, und dafür leistet vor allem die Tatsache Gewähr, daß die neuerdings mit besonderem Eifer betriebene junge Wissenschaft der Meteorologie in kurzer Zeit schon so manchen Erfolg gezeitigt hat; um so eher wird diese ihren Zweck auch für das paläothermale Problem erfüllen, wenn sie sich — schon um ihrer selbst willen — eine genaue und kritische Sammlung der in ihren Bereich fallenden Tatsachen noch mehr als bisher angelegen sein läßt; aber es wird auch weiterhin nötig sein, daß die Meteorologie mit der gesamten übrigen erdkundlichen Forschung engste Fühlung nimmt, enger als bisher.

Als eine der wichtigsten Aufgaben einer erdgeschichtlichen Untersuchung muß die Feststellung der Lage der Erdachse und des Äquators gelten. Aber keineswegs werden dadurch paläogeographische Rekonstruktionen sinn- und zwecklos, noch versiegt damit für die Paläoklimatologie ihr wichtigster Lebensquell. Im Gegenteil! Denn die thermischen Klimazonen ebenso, wie die Meeresströmungen, die Gebiete von Eis- und Urwald, Wüste und Steppe werden dadurch auf der Erdkugel festgelegt. Nach und trotz alledem kann man sagen, daß die Hypothesen der Polverschiebungen und Krustenwanderungen künftighin mehr Berücksichtigung finden werden als bisher.

In Anbetracht dieser Tatsachen, wie überhaupt der grundlegenden Bedeutung für die Entwicklung und Verbreitung der gesamten Tier- und Pflanzenwelt und nicht in letzter Hinsicht auch für die gesamte Menschwerdung muß es eine der vornehmsten Aufgaben der historischen Geologie ein für allemal bleiben, die Grenzen der Länder und Meere in den verschiedenen geologischen Perioden möglichst genau festzulegen, damit man bereits hieraus auf die klimatischen Eigentümlichkeiten der Vorzeit schließen kann, wie das mit großem Erfolg Fr. von Kerner[1]) mehrfach durchgeführt hat; erst in zweiter Linie darf man, wenn man so unter allen Umständen zu keinem befriedigenden Resultate gelangen sollte, Hypothesen von Polverschiebungen oder Krustenbewegungen mit zur Lösung des paläothermalen Problems heranziehen. Freilich müssen wir gestehen, daß auch das Ziel, die Konfiguration der Länder und Meere für die einzelnen geologischen Perioden genau festzulegen, so gut wie noch für keine einzige Epoche erreicht ist.

[1]) Vgl. dessen zahlreiche Schriften paläoklimatologischen Inhalts in „Aus den Sitz.-Ber. d. Akad. d. Wiss. zu Wien, math. nat. Kl.“, sowie in den Mitteilungen der geolog. Ges. Wien 1911 und 1920 und schließlich auch: Meteor. Ztschr. 1909, Heft 10.

FSC
www.fsc.org
MIX
Papier | Fördert
gute Waldnutzung
FSC® C083411

Kolibri 360 GmbH
Ferdinand-Jühlke-Straße 7
99095 Erfurt, Deutschland
produktsicherheit@kolibri360.de